航空相机像移补偿与图像处理技术

张玉欣　白　晶　著

U0389161

科学出版社

北　京

内 容 简 介

本书主要研究航空相机像移产生的原因、几种典型的像移检测方法原理、基于互相关灰度投影算法的面阵 CCD 相机像移检测原理与实现、航空图像噪声产生的原因与噪声特点、图像复原理论、图像增强理论、随机共振理论、基于随机共振的面阵 CCD 图像滤波算法原理与实现、面阵 CCD 相机的超分辨率成像技术等。将遗传算法、粒子群优化算法、神经网络等人工智能优化方法引入面阵 CCD 相机像移补偿与图像处理技术，提升了该领域的技术水平。

本书可以作为信息与通信工程、控制科学与工程等学科相关专业研究生的教材或参考书，也可作为相关工程技术人员和研究人员的应用参考书。

图书在版编目（CIP）数据

航空相机像移补偿与图像处理技术/张玉欣，白晶著. —北京：科学出版社，2018.1

ISBN 978-7-03-055338-6

Ⅰ. ①航… Ⅱ. ①张… ②白… Ⅲ. ①航空摄影–图像处理–研究 Ⅳ. ①TP391.413

中国版本图书馆 CIP 数据核字（2017）第 281172 号

责任编辑：张　震　杨慎欣 / 责任校对：彭珍珍
责任印制：吴兆东 / 封面设计：无极书装

科学出版社 出版
北京东黄城根北街 16 号
邮政编码：100717
http://www.sciencep.com

北京凌奇印刷有限责任公司 印刷
科学出版社发行　各地新华书店经销
*
2018 年 1 月第 一 版　　开本：720 × 1000　1/16
2020 年 7 月第三次印刷　　印张：12
字数：235 000

定价：86.00 元
（如有印装质量问题，我社负责调换）

前　言

随着航空科技的迅猛发展，航空成像技术已经广泛应用于军事、民用两大领域，如军事侦察、航空测绘、地面目标跟踪等。航空遥感相机不可避免地会产生像移而导致图像模糊，因此，研究航空相机像移补偿以及图像的超分辨率提升等技术对提高航空遥感相机航拍图像质量至关重要。

传统的观点认为噪声是一种消极的干扰项，必须抑制或消除，而随机共振理论反其道而行之，研究表明，在一些非线性特定条件下，随机噪声能够对信号起到积极的增强作用。本书将随机共振理论引入航空图像的滤波中，为航空图像滤波提供新方法，以期推动航空图像滤波技术的发展。近年来，模糊计算、神经网络、小波变换、进化计算、群体智能计算、混沌与分形计算等新一代智能信息处理技术的研究取得了引人注目的进展。智能信息处理技术是相关学科相互结合和渗透的产物，是当今国内外电子工程、自动化、计算机科学等领域研究的热门课题。因此，将智能信息处理技术引入航空相机像移补偿与图像处理领域，可以提高该领域的技术先进性，为该领域的进一步发展注入新的活力。

本书系统地论述了航空相机像移补偿与图像处理技术，共 8 章。第 1 章综述像移补偿技术研究背景及意义、现状、存在的问题和发展趋势。第 2 章概述航空遥感相机的特点、分类、应用与发展概况。第 3 章介绍像移检测原理。第 4 章介绍基于互相关灰度投影算法的面阵 CCD 相机像移检测技术原理与实现。第 5 章介绍图像噪声、航空遥感 CCD 相机滤波、图像复原、图像增强理论。第 6 章介绍随机共振理论及图像的随机共振。第 7 章介绍基于随机共振的面阵 CCD 图像滤波算法。第 8 章介绍面阵 CCD 相机的超分辨率成像技术。

本书由北华大学张玉欣副教授、白晶教授著。本书是张玉欣副教授在其博士学位论文的基础上，结合白晶教授近年来在智能信息处理相关方向的科研成果，吸收、采纳和借鉴国内外相关资料撰写而成的，其目的是向相关专业的研究生及广大科研人员系统地介绍航空相机像移补偿与图像处理技术，使这一研究领域得到进一步的发展。值本书出版之际，衷心感谢中国科学院长春光学精密机械与物理研究所葛文奇研究员在航空相机像移补偿领域的深入指导。

　　由于作者水平有限，书中可能存在一些疏漏之处，请各位读者提出宝贵意见。作者邮箱：Qxlife816@163.com。

张玉欣

2017 年 6 月于吉林

目　　录

目 录

第1章 绪 论

1.1 像移补偿技术研究背景及意义

随着航空科技的迅猛发展，航空成像技术已经广泛应用于军事、民用两大领域，如军事侦察、航空测绘、地面目标跟踪等。航空遥感图像的视觉效果、清晰度、稳定性、可识别性、可分辨性、分辨率等都与航空遥感相机所采用的电荷耦合器件（charge coupled device，CCD）图像传感器的像元数量、像元尺寸等因素息息相关。在系统焦距及照相距离固定的前提下，CCD 图像传感器的像元尺寸越小，图像的分辨率越高，像元数量越多，图像覆盖面积越大。另外，航空遥感相机安装在飞行载体（如飞机、气球等）的动基座上完成动态成像，在载体运动时拍摄或者载体静止时拍摄运动图像的过程中都会受载体飞行高度、载体与景物的相对运动速度、载体的振动以及气流的扰动等因素的干扰，使图像产生像移导致图像模糊。因此，像移补偿技术是航空遥感领域的一项重要研究内容，像移补偿技术能够改善图像质量、消除或尽可能减少图像的像移。

航空遥感图像质量的提高主要受 CCD 分辨率和像移补偿技术两个方面的影响，因此，从这两个方面入手分别进行深入的研究与创新是提高航空遥感图像质量的主要途径。虽然我国 CCD 图像传感器的制造技术快速发展并取得了比较显著的成效，但是由于种种原因目前还处于发展中阶段，相对落后于某些发达国家。在高端应用领域尤其是军事领域的航空遥感相机上所采用的 CCD 图像传感器还主要依赖于进口，由于某些国家的出口限制，无法得到在分辨率等参数上最先进的 CCD 图像传感器，这成为制约我国航测技术发展的一大因素。为了弥补 CCD 图像传感器的不足，遥感图像的后续像移补偿处理至关重要，可以通过消除像移模糊以及提升图像的超分辨率等方法来提高航空遥感相机航拍图像的分辨率。

1.2 像移补偿技术现状及发展趋势

1.2.1 像移补偿技术现状

像移检测系统是航空航天相机像移补偿机构中的重要装置，它直接测量像面上的像移速度，又称速高比计，或速高比值测量系统。它通过分别测量出飞行器在飞行过程中速度 V 和此时飞行器所在高度 H，并计算出两者的数值比，进而计算出像移速度值。早期典型的像移检测系统主要有葛文奇提出的"复合式速高比计"[1]、翟林培提出的"具有空间滤波的圆环扫描速高比计"[2]和赵周伦等提出的"圆环扫描速高比计"[3]。由于当时光电器件、光电传感器技术水平的限制，航空相机均为胶片式相机，像移检测系统普遍采用光学狭缝或带有狭缝的扫描圆盘对景物图像进行前序的滤波处理，经狭缝滤波处理后的输出信号为明暗相间的条纹信号，该条纹信号经光电倍增管或其他光敏元件采集后转换成电压信号，该输出电压信号是一组交变信号。通过测量该交变电压信号的频率或相位间接地计算出速高比值即 V/H，可以根据此信号的值进行像移补偿。具体原理详见 3.1 节。

随着光电探测元件的飞速发展，出现了以 CCD 传感器为成像装置的像移检测系统，初期多采用线阵 CCD，后期 TDI CCD 图像传感器由于与一般线阵 CCD 相比具有多次曝光功能，在低照度的环境下也能输出具有高信噪比（signal noise ratio，SNR）的信号，解决了小相对孔径、长焦距高分辨力 CCD 航空相机的曝光不足问题，被像移检测系统广泛使用。

另外，传统的像移检测系统还有一种是由以美国专利号 5745226 为代表的多镜头、多器件构成的，主要依靠复杂光路作为系统手段，利用光程差实现像移的计算[4]。

平行狭缝法、扫描相关法、外差法、光程差法和直接计算法等像移检测系统的工作原理见 3.1 节。

1.2.2　传统像移补偿技术存在的问题

传统像移补偿技术存在的问题主要体现在以下几个方面。

（1）光电转换器。采用胶片式相机作为光电转换器的像移检测系统存在的主要问题有：胶片式相机拍摄成本高、摄影处理烦琐、相机笨重以及与后续数字化处理方法衔接不顺畅等。采用光电倍增管作为光电转换器的像移检测系统虽然接收灵敏度高，但是光电倍增管需要 900V 以上的高压供电，这一点不利于在机载上实现。采用线阵 CCD 作为光电转换器虽然操作相对简单、数据处理量相对较少，但是其只能实现对一维信号进行测量，而航测相机的载体（如飞机、飞艇或探空气球等）总是处于运动状态，因而相机在曝光时间内都不能静止，由此带来的图像模糊应该是二维的。

（2）空间滤波器。光学狭缝滤波器的狭缝长度、狭缝周期以及狭缝个数都直接影响滤波的效果，而关于这些参量的选取又缺少统一、有效的规则。另外，采用光学狭缝完成对景物的滤波可靠性低，受拍摄对象背景影响较大，例如，拍摄沙漠、海洋等背景中的景物时，采用光学狭缝滤波法难以从景物中提取出有效的图像信号。而现有的数字式像移检测系统，即采用 ARM 微处理器、数字信号处理器（digital signal processing，DSP）等作为核心器件的像移检测系统，通常对光电转换器输出图像信号的滤波处理方法如均值滤波、维纳滤波、卡尔曼滤波等只适用于高信噪比情况，对于强噪声环境、低信噪比情况下的像移测量效果较差。

（3）实时性。受传统微处理类型和速度的限制，很难在大数据量的情况下完成实时测量。

（4）集成度低。早期的像移检测系统在像移测量时采用的相关器以光学狭缝输出的交变电压信号作为一路输入对象，再通过硬件延时产生另外一路输入信号。相关器或称相关运算电路，是由一系列元器件组成的硬件电路。多元件的使用、硬件电路的复杂性使得像移检测系统集成度低、受外界环境影响大、易于损坏，且损坏时不易排查坏点、系统误差大。

针对以上问题，本书重点研究采用面阵 CCD 作为光电转换器的数字式像移补偿系统，由此解决像移检测系统对速高比值的二维测量问题。另外，面阵 CCD 相对其他光电转换器具有数据量大、分辨率高的优点，有利于提高像移检测系统的精确度和系统分辨率。随着 DSP、ARM 等高速微处理器的出现和技术的逐渐成熟，大数据量下的实时性测量成为可能。本书在选用高性能的微处理器的基础上研究了快速、智能的优化算法以提高运算速度。本书研究的像移补偿系统利用现场可编程门阵列（field programmable gate array，FPGA）实现某些硬件电路功能，提高了系统的集成度以及可靠性。

1.2.3　像移补偿技术的发展趋势

目前我国航天航空相机使用的 CCD 主要依赖进口，西方军事强国的某些高性能 CCD 是军事禁售品，我们无法获得，因此，CCD 技术的相对落后成为制约我国航天图像质量提高的一个主要因素。自主研发高性能 CCD 是当前航空航天技术发展的重中之重。

随着 CCD 等感光器件的广泛应用及精度的提高，数字式的像移补偿法成为研究的重点内容，另外，多种像移补偿方法结合应用必将成为研究的一个方向。

根据目前微电子学的发展与技术的进步，像移检测装置即速高比值测量装置将会向如下方向发展。

（1）光机电一体化，适用范围广。

（2）工作速高比值范围宽，精度高。

（3）体积小、重量轻，可随相机安装在飞机或吊舱上。

（4）低功耗，功耗小于 10W。

（5）低成本，高可靠性。

随着航空相机与侦查平台的快速发展，速高比值的独立获取势在必行，测量像速的装置也逐步成熟和迅速发展。前面介绍的几种像移检测系统都是采用模拟式的方法实现，而随着 CCD 器件的广泛应用，DSP、ARM 等高速微处理器的出现和技术的成熟使得像移检测装置的数字化、实时化、小型化成为发展的趋势和重点研究的内容。因此，对于平行狭缝法可以采用面阵 CCD 作为敏感元件探测矩形光栅输出信号的频率，并采用 ARM9 系列微处理器对图像进行处理。

目前，研究人员对航空相机像移测量提出了多种方法，可根据任务所需设计出不同类型和用途的测速装置，以确保得到满足要求的照相分辨率。

1.3　本书的主要内容

第 1 章介绍航空相机像移补偿技术研究背景、意义、研究现状及发展趋势。

第 2 章介绍航空遥感成像技术的发展，CCD 的特点、分类及应用，国内外 CCD 图像传感器与航空遥感相机的发展概况。

第 3 章首先介绍几种典型的线阵 CCD 航空相机像移检测原理，然后介绍本书重点研究内容——面阵 CCD 航空相机像移检测原理。

第 4 章介绍基于互相关灰度投影算法的面阵 CCD 相机像移检测技术。首先介绍自相关函数、互相关函数的定义以及物理意义。然后分析互相关算法的原理，讨论采用互相关算法计算图像位移矢量以及速高比值运算量过大的问题。再针对互相关函数法的大量运算问题提出将灰度投影与互相关相结合的算法，并讨论基于互相关灰度投影算法测量图像位移矢量、速高比值的运算量问题。最后分析实时性的可行性问题，提出在现场可编程门阵列上运用并行处理算法实现图像位移和速高比值的测量。

第 5 章首先介绍图像噪声的产生、分类和特点，然后介绍航空遥感 CCD 相机滤波，最后介绍图像复原、图像增强的基本理论。

第 6 章介绍随机噪声、随机共振理论、图像随机共振中的问题、图像的随机共振、图像随机共振与传统图像增强对比。

第 7 章首先介绍基于变尺度随机共振的面阵 CCD 滤波算法，提出黄金分割快速搜索算法，用于在大量的输出图像峰值信噪比数值中搜索峰值信噪比的最大值。然后介绍参数自适应随机共振算法，利用遗传算法、粒子群优化算法、PSO 算法对随机共振参数进行取值寻优。该章给出以上算法的原理、步骤和仿真结果。

　　第 8 章介绍航空像移补偿技术中的面阵 CCD 相机超分辨率成像问题，以匹配航空遥感相机的像元分辨率，提高系统测量精度的同时也增加像移补偿系统的准确性与可靠性。主要介绍基于 B 样条插值法的面阵 CCD 超分辨率成像、基于神经网络的面阵 CCD 超分辨率成像，给出上述两种算法的具体原理、步骤与仿真结果。

第 2 章　航空遥感相机概述

2.1　航空遥感成像技术的发展

航空遥感相机必须具备良好的物理性能和几何性能，如内方位元素（包括主点、主距等）的精度和稳定性、分辨率、信噪比、光谱范围、畸变和基高比等。目前航空遥感相机按成像介质分为胶片式相机和 CCD 相机。

在 CCD 发明之前感知图像使用摄影胶片（包括黑白胶片、彩色胶片、红外胶片）和真空摄像器件（包括光电导摄像管、超正析像管、二次电导管、硅靶摄像管和返束视像管等）。胶片式相机技术比较成熟，性能可靠，分辨率高，覆盖范围大，相机系统全球适用，注记、测量、定标、后勤支持都比较完善。但是由于拍摄成本高、摄影处理烦琐、相机笨重且与后续数字化处理方法衔接不顺畅等，传统胶片式航空测绘相机的发展处于停止不前的状态。

CCD 是 1969～1970 年由 Boyle 和 Smith 在贝尔实验室发明的一种新型半导体器件[5]。它是在 MOS 集成电路技术基础上发展起来的，为半导体技术应用开拓了新的领域。它具有光电转换、信息存储和实时传输等功能，具有集成度高、功耗小、结构简单、寿命长、性能稳定等优点，故在固体图像传感器、信息存储和处理等方面得到了广泛的应用。1970 年，贝尔实验室的研究人员就用 CCD 制成了世界上第一台固态视频相机。1975 年，他们用这台 CCD 相机所做的演示证明其图像质量已经达到了广播电视的清晰度要求。

由于 CCD 相机采用数字处理技术，图像的增强、压缩都比较容易，实时性的 CCD 器件传输信息避免了回收的风险，并且 CCD 带宽较宽，在大气条件差时可以获得高信噪比的图像，也可以与飞机导航系统交联定位目标位置。CCD 相机增强了传感器对地观测能力，有利于缩短信息处理的周期，有助于提高对地观测的时效性。CCD 相机的众多优点使得其在航空遥感测量中的应用广泛，成为遥感领域的研究热点。

2.2　CCD 的特点、分类及应用

量子效率（quantum efficiency，QE）是将输入光能转换为电输出信号有效性的量度，CCD 的量子效率高于胶片，且 CCD 对光的响应是线性的，其输出信号

与所接收的光能量的大小是成正比的。CCD 的成像质量已经趋于完美，分辨率和色彩还原已经和 35mm 甚至 67mm 胶片不相上下，覆盖面积还有差距。线阵列 CCD 的像元数已经做到 20000 左右，例如，Atmel TH7834C 像元数 12000，Kodak KLI-14403 像元数 14404×3，Fairchild CCD 21241 像元数 24000×64。面阵列 CCD 的像元数已经做到 9K×9K 左右，例如，DalsaFTF5066M 像元数 4992×6668，Kodak KAF-39000 像元数 7216×5412，Fairchild CCD595 像元数 9216×9216。

　　CCD 图像传感器经过近 50 年的发展，目前已经成熟并实现了商品化。CCD 图像传感器从最初简单的 8 像元移位寄存器发展至今，CCD 像元数已从 100 万像元提高到 2000 万像元以上。在科学应用领域，1024×1024 像元以上大面阵 CCD 图像传感器大量用于太空探测、地质、医学、生物科学以及遥感、遥测、低空侦察等。为了开发单片式低成本摄像机，目前的 CCD 传感器的研究重点也更多地转向互补金属氧化物半导体有源像素传感器（CMOS APS），CMOS APS 的最大优点是在工作中无须电荷逐级转移，回避了影响 CCD 性能的主要参数——电荷转换效率，CMOS APS 的另一突出优点是无须 CCD 那样高的驱动电压，能使各种信号处理电路与摄像器件实现单片集成，这是未来相机小型化、低成本、低功耗的关键。

　　CCD 按成像维数分为一维线阵列 CCD 和二维面阵列 CCD[6]。线阵列 CCD 成像单元排列成一条线阵列，分为单通道线阵 CCD 和双通道线阵 CCD。单通道线阵 CCD 转移次数多、转移效率低，只适用于像元较少的成像器件。双通道线阵 CCD 转移次数是单通道的 1/2，它的总转移效率大大提高，像元数大于 256 的线阵 CCD 都为双通道。

　　面阵列 CCD 分为全帧转移、帧转移和行间转移三种。全帧转移面阵列 CCD 无图像存储区域，光电转换后，将光电荷一行行转移至水平移位寄存器内读出，构造简单，像元数多，填充因子大，需要外接机械快门，以克服图像模糊现象。帧转移面阵列 CCD 光电转换后，将光电荷快速由成像区转移到存储区，再由存储区一行行转移至水平移位寄存器内读出，填充因子大，不需要机械快门，速度比较快，帧转移面阵列 CCD 的特点是结构简单、光敏单元的尺寸较小、调制传递函数（modulation transfer function，MTF）较高，但光敏面积占总面积的比例小，转移速度较快。行间转移面阵列 CCD 光电转换后，将光电荷快速由一列成像单元转移到相邻的一列存储单元，再由存储区一行行转移至水平移位寄存器内读出，不需要机械快门，速度最快，填充因子小，灵敏度低。

　　CCD 按照光谱分为黑白 CCD 和彩色 CCD；按照入射方式分为前照明 CCD 和背照明 CCD。

　　CCD 已经应用到所有需要成像和成像测量的地方，有如下几个方面。

　　（1）娱乐和日常生活：数码相机、摄像机、照相手机等。

（2）办公和管理：扫描仪、复印机、传真机、闭路电视等。

（3）医疗：X 光数字成像系统、内窥镜、眼底镜等。

（4）工业：机器视觉系统、尺寸测量系统、角度测量系统等。

（5）军事：武器导航系统、靶场测量系统、侦察定位系统等。

（6）科学研究：天文望远镜、显微镜、光谱仪等。

例如，CCD 超微型摄像机应用在医疗器械的腹腔镜中，如图 2.1 所示，可以立体地显示二维、三维图像，为医生提供体内手术部位多角度和多方位的实时图像，缩短了手术时间，使患者大大减轻了痛苦。CCD 相机在医疗器械中的另一个应用是数字 X 光成像，如图 2.2 所示，X 射线经过闪烁晶体产生可见光，可见光经 CCD 光电转换变为电荷图像，输出至视频处理电路处理后在计算机中存储和再处理。

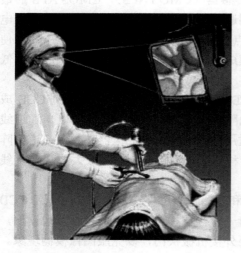
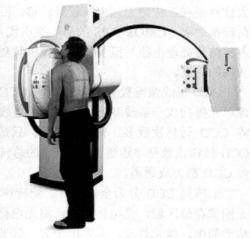

图 2.1　CCD 在腹腔镜中的应用　　　　图 2.2　CCD 在数字 X 光成像中的应用

CCD 应用最重要的领域之一是天文学研究。长期以来，天文学使用的敏感介质是胶片和光电倍增管，CCD 在天文学中的应用是一场革命性的进步。使用 CCD 很大地提高了成像灵敏度和线性度，获取图像可以直接与计算机相连，极大地提高了数据处理速度。1980 年，CCD 在国外先进的天文台得到了广泛应用。在我国，1985 年由三位留美访问学者引入一套 CCD 成像系统，安装在云南天文台一米望远镜上，获得了很大的成功。

图 2.3 所示是南京紫金山天文台一米近地天体望远镜，它的功效是观测对地球构成潜在危险的近地天体。望远镜采用施密特型光学系统，改正镜口径 1.04m，球面反射主镜 1.2m，焦距 1.8m，具有大口径、大视场的特点。CCD 系统采用 4096×

4096 CCD 芯片，采用冷却技术并具有漂移扫描功能，是目前国内灵敏度最高的大面阵探测系统。

图 2.4 所示是由荷兰、德国和意大利等国家合作研制的超大型望远镜，它是广角望远镜，可实现大视场搜索。口径 2.61m，相对孔径 $f/5.5$，视场角 1.47°，像元角分辨率 0.24″/pixel，像元数 16K×16K。采用 CCD 拼接技术构成更大的像面，其中主传感器由 32 片 CCD 构成，像元尺寸 15μm；辅助传感器由 4 片 CCD 构成，其中 2 片用于导星、2 片用于图像分析。其技术指标如表 2.1 所示。

图 2.3　紫金山天文台天体望远镜

图 2.4　大型望远镜

表 2.1　望远镜参数

参数	参数值
内部液氮罐容量	40L
内部液氮罐保存时间	42h
CCD 工作温度	−120℃
视频通道数	36
读出速率	357Kpixel/s
拼接 CCD 读出噪声	<5e⁻
拼接 CCD 温度波动	<4℃
CCD 暗电流	<2e⁻/pixel/s
整个拼接的坏像元数	<80000
整个拼接像面平面度	<40μm
连续曝光之间最小时间间隔	38s
杜瓦瓶重量	234kg

2.3　国内外 CCD 图像传感器与航空遥感相机的发展概况

2.3.1　国外 CCD 图像传感器与航空遥感相机的发展概况

1. 国外 CCD 图像传感器发展概况

美国是世界上最早开展 CCD 研究的国家，也是目前投入人力、物力、财力最多的国家，在此应用研究领域一直保持领先的地位。贝尔实验室是 CCD 研究的发源地，并在 CCD 像感器及电荷域信号处理研究方面保持优势。麻省理工学院林肯实验室、美国宇航局喷气推进实验室、罗姆空间发展中心以及 SR I David Sarnoff 研究中心在 CCD 及其应用等方面的研究保持着雄厚的实力，并形成了具有较大规模的实验研究中心。此外，还有无线电公司、通用电气公司、仙童公司、福特航空公司及 EG&G 公司等。在 CCD 传感器和应用电视技术方面，美国以高清晰度、特大靶面、低照度、超高动态范围、红外波段等的 CCD 摄像机占有绝对优势。这些产品不仅价格昂贵而且受到政府的严格管制。

日本是目前世界上 CCD 的生产大国，在民用消费型光电产品的开发和生产上堪称世界第一，尤其是 CCD 摄像机、摄录一体化和广播数字化电视摄录设备，基本上包揽了全世界的大部分市场。日本的 CCD 技术起步较晚，但发展极快，特别是日本的彩色 CCD 摄像机具有极强的竞争力。索尼公司在 1979 年用三片 242（H）×242（V）像元高密度隔列转移 CCD 像感器首先实现了 R、G、B 分路彩色摄像机。1980 年，日立公司首先推出单片彩色 CCD 摄像机。1998 年，日本采用拼接技术成功开发了 16384×12288 像元，即（4096×3072）×4 像元的 CCD 图像传感器。由于日本的新产品更新换代速度很快，所以无论产品的产量还是质量都占据世界首位。

法国也是开展 CCD 技术研究较早的国家之一。法国汤姆逊公司和英国电子阀门（EEV）公司是世界上生产和研发 CCD 产品的著名厂家。

此外，英国通用电气公司（GEC）和荷兰的飞利浦公司在 CCD 技术的研究开发上也很著名。

2. 国外典型的航空遥感相机简介

美国 Z/I Imaging 公司研发的数字航摄相机（digital mapping camera，DMC）如图 2.5 所示。全色波段是由 4 块 CCD 拼接而成，每块像元数是 4K×7K，等效像元数为 8K×13K，总有效像元数为 13500×8000，光学系统主距 120mm，相对孔径 1∶4，总视场角 74°×44°；彩色波段 R、G、B 和近红外波段由 4 个 3K×2K

图 2.5　DMC

像元的面阵 CCD 构成，光学系统主距 25mm，相对孔径 1：4，摄影周期 2s，立体摄影时重叠率达 60%，质量小于 80kg。

　　数字航摄相机系统是一个专门用于光谱摄影的高分辨率和高精度数字摄影系统，它的设计思想基于取代传统的胶片式摄影相机，DMC 技术上突破的标志在于从完成小比例尺摄影项目到能够完成高精度、高分辨率的大比例尺航摄工程项目。同时也为恶劣气候作了特殊的设计，能在不同的光线条件下选择不同的曝光时间，解决了传统航摄方式的缺陷。

　　DMC 的优点主要有：

　　（1）DMC 的电子像移补偿技术消除了传统航空摄影的局限性。

　　（2）改善了辐射分辨率。

　　（3）由于内定向的残差为零，提高了摄影测量的几何精度。

　　（4）更清晰的数字源数据为提供更好的影像质量提供了客观前提。

　　（5）在飞行时同时获取多光谱影像，拓展了更广阔的应用前景。

　　（6）从拍摄到产出的周期变短。

　　（7）相对传统的航片而言，由于没有影像扫描这一环节，因此在整个作业过程中既节省了人力、物力资源，同时也节省了扫描这一环节的成本。

　　（8）避免了洗片、扫描等环节引起的变形，这对提高数字正射影像图（DOM）的质量不可忽视。

　　ADS40 数字航摄相机如图 2.6 所示，是由徕卡公司和德国航天局共同开发的第一款真正投入使用的商业化数字航空摄影测量系统。自 2000 年在阿姆斯特丹

图 2.6　ADS40 数字航摄相机

的国际摄影测量第二十四届大会上正式推出以来（2001 年正式进入市场），ADS40 在测绘、精细农业、海岸资源勘察和管理等方面得到了广泛的应用。ADS40 采用线阵列推扫式成像原理，利用集成的 POS 系统能够为每一个扫描列提供外方位元素的初值。除了能获得高分辨率的全色影像和多波段影像，ADS40 还能在没有地面控制点或者少量控制点的情况下获得较高精度的地面三维定位。

ADS40 由 3 条全色 CCD 组成，每条由 2 个 12000 像元的 CCD 错开 3.25μm 构成；有 4 个多光谱 CCD，每个 CCD 12000 像元；像元尺寸为 6.5μm×6.5μm；视场角为 64°；焦距为 62.77mm；交会角为 16°、26°、42°。

与传统的画幅式模拟相机进行比较，ADS40 有很多优势。测区里面的大部分点都能够成像至少三次，大部分区域是在三度重叠区域内，这一点是传统的框幅式摄影测量相机无法比拟的。这种三视的优势对自动匹配和模型的可视化非常有用。在模型的可视化中，例如，数码城市中重要的高层建筑的可视化，ADS40 的三个全色波段的 CCD 能够获得房屋的三个面，即房顶（由下视 CCD 获得）、法线与飞行方向相同的面（由后视 CCD 获得）及法线与飞行方向相反的面（由前视 CCD 获得），因此，这三个面都可以用真实的纹理进行映射，而不是像有些虚拟城市的可视化那样用一个面的纹理替代所有面的纹理。多视的优点在匹配方面就在于可以利用多视的条件进行两两像对间的前方交会，这样可以根据交会的结果最大限度去掉错误的匹配。

VOS40/500 视频相机是光电高分辨率数字侦察相机，可以安装在 RecceLite 侦察吊舱中。可见光相机的传感器采用 2K×2K、7.4μm×7.4μm 像元尺寸的 Kodak 公司的 KAI-4000M。光学系统设计为像方远心的变焦系统。像方远心光路适合采用微透镜的 CCD。

高分辨率可见光相机 VOS 40/500 主要技术指标如下。

CCD 像元数：2048×2048。

CCD 像元尺寸：7.4μm×7.4μm。

光谱范围：0.4～0.8μm。

帧速率：最大 15 帧/s。

变焦镜头：$F=42\sim270$mm。

相对孔径：1∶3.2。

可选视场：NFOV，3.2°×3.2°；MFOV，7.1°×7.1°；WFOV，20.5°×20.5°。

美国侦察-光学公司（ROI）研制生产多种类型的单波段和双波段（可见和红外）侦察相机，如 CA-261、CA-270、CA-295 等[7]，如图 2.7 所示。ROI 为美国海军 F/A-18E/F 飞机装载的 SHARP 吊舱提供 CA-279/M 和 CA-279/H 数字侦察相机。CA-261 数字分幅式相机在中高空（指标为 30000ft[①]，但工作航高可达 50000ft）航线上能提供高质量的战术侦察图像。双波段 CA-270 和 CA-279 相机可以完成中低空的侦察任务。双波段 CA-295 相机可以完成高空、长斜距的侦察任务，最长工作斜距超过 50n mile（1n mile = 1.852km）。

(a) CA-261 数字分幅式相机　　　　(b) 双波段 CA-270 相机　　　　(c) 双波段 CA-295 相机

图 2.7　美国 ROI 研制的侦察相机

第三代 DB-110 相机如图 2.8 所示，系统集成在定制的侦察吊舱中，吊舱可以安装到 F-16 和其他战术飞机上。吊舱的环境控制功能使 DB-110 能在 50000ft 高空工作。侦察管理系统和相机控制单元控制 DB-110 的工作；相机图像数据记录在固态存储器上，并可以通过实时公用数据链接等下传。三代 DB-110 机系统集成了长焦距可见光/近红外通道、中红外通道；宽视场可见光/近红外通道、中红外通道；超宽视场可见光/近红外通道、中红外通道。三代 DB-110 相机系统包括两轴稳定平台，稳定精度能保证相机拍摄时误差达到亚像元精度。

1999 年 9 月，国空间成像公司成功发射了第一颗商业高分辨率遥感卫星 IKONOS-2 并开始商业运行。该遥感卫星空间分辨率为 0.8m（全色），多光谱分辨率为 3.2m，空间分辨率在商业领域首次突破米级，意味着遥感卫星进入了一个新的阶段。IKONOS-2 卫星可以通过整星前后摆动实现立体成像，无地面控制点时，平面位置精度约 12m，高程精度约 10m。

2001 年 10 月，美国数字全球公司成功发射了 QuickBird-2 商业高分辨率传输型遥感卫星，空间分辨率达到 0.61m，多光谱分辨率达到 2.44m，QuickBird-2 通过沿轨前后摆动实现立体成像，无地面控制点时，平面位置精度约 23m，高程精度约 17m。

---

① 1ft = 3.048×10⁻¹m。

图 2.8　第三代 DB-110 相机

　　美国国家航空航天局（NASA）和德国航天局在 20 世纪 90 年代提出使用德制高分辨率立体相机（HRSC）对月球实施全球成像作业，如图 2.9 所示，用来建立大地测量网并生成高分辨率地图。该计划没有实施，但是 HRSC 经改造后在欧洲航天局的火星快车计划中得到了成功的应用。HRSC 是一款小型的带有 9 个平行排列的 CCD 传感器的单一光学推扫式设备，和以往的成像系统相比，HRSC 成功实现了小型化，并且可以提供和框幅式相机相媲美的大地测量精度。

图 2.9　高分辨率立体相机

HRSC 主要技术指标如下。

寿命：>4 年。

数据量：约 2Gbit/天。

实时压缩：有。

压缩比：2～20。

高分辨率立体相机参数与以往成像相机参数对照表见表 2.2。

表 2.2　高分辨率立体相机参数与以往成像相机参数对照表

参数	高分辨率立体相机	以往成像相机
相机外形尺寸	510mm×289mm×270mm	
数控箱外形尺寸	232mm×282mm×212mm	
重量	20.4kg	
功耗	45.7W（摄像时）	3.0W（摄像时）
传感器型号	THX7808B	Kodak KAI 1001
像元尺寸	7μm×7μm	9μm×9μm
地面采样距离	10m×10m	2.3m×2.3m
瞬时视场	8.25″	2″
有效像元数/传感器	5184	1024×1032
刈宽	52.2km	2.35km
灰度等级（压缩前）	8bit	14bit 或 8bit
前、正、后视	（675±90）nm	
平均数据输出速率	20Mbit/s（压缩后）	
像元合并格式	1×1, 2×2, 4×4, 8×8	—
典型图像覆盖	53km×330km	2.4km×2.4km
典型数据量/图像	230Mbit	8Mbit 或 14Mbit

2.3.2　国内 CCD 图像传感器与航空遥感相机的发展概况

我国的 CCD 研制工作起步比较晚，但是研制工作也在稳步地进行。目前第一代普通线阵 CCD 图像传感器（光敏元为 MOS 结构）和第二代对蓝光响应特性好的（光敏元为光电二极管阵列）CCPD 均已形成 128、256、512、1024、1728、2048、2500 像元的系列产品，在实验室已做出了 3456、4096 像元的 CCPD 样品；面阵 CCD 图像传感器已研制出 32×32、75×100、108×108、150×150、320×230、256×320、512×320、491×384、580×394、512×512、600×500、756×581、800×800 像元的器件，在实验室已研制出了 1024×1024、2048×2048 像元的器件，基本上形成了系列化产品。随着器件性能的改进，CCD 摄像机也将得到迅速发展[8]。

除可见光 CCD 图像传感器外，国内目前还研制出了线阵 64、128、256、1024

像元和面阵 32×64、128×128、256×256 像元硅化铂肖特基势垒红外 CCD。目前国内正在研制和开发的 CCD 有 512×512 像元 X 射线 CCD、512×512 像元光纤面板耦合 CCD 像敏器件、512×512 像元帧转移可见光 CCD、1024×1024 像元紫外 CCD、1024 像元 X 射线 CCD、微光 CCD 和多光谱红外 CCD 等。但由于受经费、设备等因素影响，国内 CCD 图像传感器的研究进展尚不迅速，目前还没有生产能力，与国际先进水平相比差距很大。就 CCD 的应用潜力而言，还有很大的提升空间。

目前我国尚未形成规模化的 CCD 图像传感器产业，因而缺乏行业的统计资料。文献[7]给出的数据是 2000 年我国市场的总需求约为 1008.14 万台，大约占全球市场需求量 8825 万台的 11.4%，比 1995 年增长约 6.5 倍。随着我国经济建设的高速增长以及国民经济信息化进程的加快，我国存在着应用 CCD 图像传感器的巨大市场。

国内航空侦察相机、遥感相机与发达国家产品有很大的差距，国内航空侦察相机、遥感相机的自主化设计制造迫在眉睫。

第 3 章　像移检测原理

3.1　线阵 CCD 航空相机像移检测原理

3.1.1　平行狭缝法

平行狭缝法也称空间滤波法，这是早期采用的一种直接方法，其原理如图 3.1 所示。

相机及载体以一定的速度 V 在高度 H 处水平飞行，设像移速度为 v_i，将一组矩形平行狭缝 h 放在镜头 L 的焦面，设相机物镜焦距为 f。将投射到像面上的景物先经平行狭缝进行空间滤波，再会聚到光电探测器的靶面 ph 上产生电信号，由图 3.1 可知：

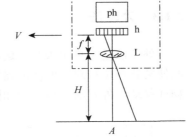

图 3.1　平行狭缝测速原理

$$v_i = f \cdot \frac{V}{H} \qquad (3.1)$$

图 3.2　平行狭缝

假设平行狭缝的周期长度是 $b\mathrm{mm}$，如图 3.2 所示，设平行狭缝滤波器输出信号频率 f_c，则有

$$f_c = \frac{v_i}{b} = \frac{f}{b} \cdot \frac{V}{H} \qquad (3.2)$$

由式（3.1）和式（3.2）可以看出，测出信号频率 f_c 即可获得像移速度 v_i。

3.1.2　扫描相关法

扫描相关法是将光电探测器的输出信号 $f(t)$ 作为相关器输入信号，$f(t)$ 与延时一个扫描周期 T_a 的信号 $f(t-T_a)$ 进行相关运算后得到自相关函数 $R(\tau)$。由于相邻两个扫描周期相应景物信号波形相同且差一个相位 τ，扫描对应点只差一个扫描周期 T_a，所以有

$$f(\tau, t - T_a) = f(\tau, t - \tau) \qquad (3.3)$$

$$R(\tau) = \lim_{T \to \infty} \frac{1}{T} \int_0^T f(t) f(t - \tau) \mathrm{d}t \qquad (3.4)$$

以圆环扫描为例，扫描盘半径为 r，当 τ 值较小时近似认为 v_i 不变，故

$$v_i T_a = \frac{2\pi r}{T_a}\tau \tag{3.5}$$

则

$$\tau = \frac{T_a^2}{2\pi r}v_i \tag{3.6}$$

所以有

$$R(\tau) = \lim_{T \to \infty}\frac{1}{T}\int_0^T f(t)f\left(t - \frac{T_a^2}{2\pi r}v_i\right)\mathrm{d}t \tag{3.7}$$

从式（3.7）可以得出结论，自相关函数 $R(\tau)$ 是像移速度 v_i 的函数。

3.1.3　外差法

外差法是一种用来测量运动光学图像或者稳定图像像速的方法。采用电子手段使装置产生相对空间滤波器明显的平动速度，而不需要空间滤波器真正地进行物理移动。外差法原理框图如图 3.3 所示。

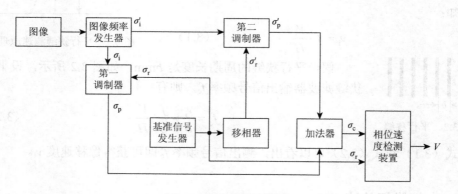

图 3.3　外差法原理框图

带有速度信息的图像通过部件在成直角的两个方向上与图像频率发生器连接，图像频率发生器产生两路交流信号 σ_i 和 σ_i'，每一个信号频率与像面上特定方向的像速成正比。图像频率发生器包括一对空间滤波器或者光栅，它们放置在像平面上，产生的光度信号具有时间频率并且与栅格横向方向像速相对应。栅格放置在网格状线上，相对彼此 1/4 周期以保证产生的交流信号 σ_i 和 σ_i' 相位相差 90°。σ_i 和 σ_i' 可以分别是余弦和正弦信号：

$$\sigma_i = A\cos 2\pi v_g v_t t \tag{3.8}$$

$$\sigma'_i = A \sin 2\pi v_g v_t t \tag{3.9}$$

式中，v_g 是栅状信号数（每英寸周期数）；v_t 是在栅格平面上图像运动数（每秒英寸数）；t 是时间；幅值 A 的大小取决于 v_g。

基准信号发生器产生的基准信号 σ_r 的频率值要求并不十分严格，要大于 σ_i 和 σ'_i 的频率，通常为 $10\sim30\text{kHz/s}$，σ_r 经过移相器输出相位相差 90° 的信号 σ'_r：

$$\sigma_r = \cos 2\pi f_r t \tag{3.10}$$

$$\sigma'_r = -\sin 2\pi f_r t \tag{3.11}$$

式中，f_r 是基准信号频率。

σ_i 和 σ_r 经第一调制器后输出信号 σ_p 为

$$\sigma_p = \frac{A}{2}\Big[\cos 2\pi(f_r + v_g v_t)t + \cos(f_r - v_g v_t)t\Big] \tag{3.12}$$

σ'_i 和 σ'_r 经第二调制器后输出信号 σ'_p 为

$$\sigma'_p = \frac{A}{2}\Big[\cos 2\pi(f_r + v_g v_t)t - \cos(f_r - v_g v_t)t\Big] \tag{3.13}$$

σ_r 和 σ'_p 经过加法器线性相加后输出信号 σ_c 为

$$\sigma_c = \sigma_p + \sigma'_p = A\cos 2\pi(f_r + v_g v_t)t \tag{3.14}$$

σ_c 和 σ_r 分别为相位速度检测装置的两个输入信号，相位速度检测装置输出信号 V 中包含被检测图像像速和表征图像运动方向的参量。

3.1.4　光程差法

已知景物运动速度可以确定像速，反之，已知像速可以确定景物运动速度，光程差法最大的优点就是不需要确定测量装置与景物之间的实际距离。

光程差法使用一对速高比计，即 V/H 传感器，它们放置的位置距离景物不同，即存在固定的光程差 Δh，如图 3.4 所示。

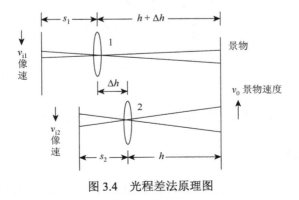

图 3.4　光程差法原理图

景物速度是 v_0，镜头 1 像平面上像移速度是 v_{i1}，镜头 2 像平面上像移速度是 v_{i2}，v_{a1} 和 v_{a2} 分别是图像在像平面上的角速度，其大小与景物运动的角速度相等，则有

$$v_{a1} = \frac{v_{i1}}{s_1} = \frac{v_0}{h + \Delta h} \tag{3.15}$$

$$v_{a2} = \frac{v_{i2}}{s_2} = \frac{v_0}{h} \tag{3.16}$$

采用相同焦距的镜头则 v_{i1} 和 v_{i2} 相等，统一记为 v_i，则根据式（3.15）和式（3.16）可得

$$v_i = \frac{v_0(s_1 - s_2)}{\Delta h} \tag{3.17}$$

式中，s_1、s_2、Δh 为系统固定几何尺寸；v_0 可利用 GPS 或多普勒雷达测出。由此可以由式（3.17）计算出像移速度 v_i 而不需要知道测量装置与景物之间的实际距离。

光程差法也可以采用一组 V/H 传感器，利用光学器件将光路分成两个光程不同的传输支路，根据式（3.17）可实现像速的测量。如图 3.5 所示，景物光线经分束器 1 和 2 产生两路光线，第一路是透射光线，第二路是折射光线经折叠反射镜 1 和 2 反射后再经过分束器，与第一路光线会聚。两路光线的光程差即为 Δh。

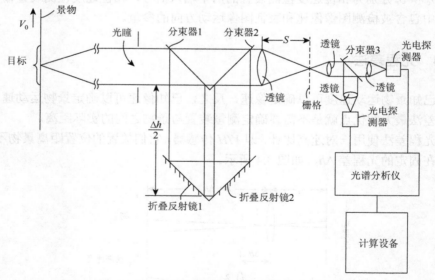

图 3.5　采用一组 V/H 传感器的光程差法结构图

3.1.5　直接计算法

利用多普勒雷达测出相机及载体飞行速度 V，利用激光测高仪测出相机及载

体距离被测景物高度 H，直接计算出速高比值 V/H，或者由载体上的惯性测量装置（IMU）及机载设备给出的 V、H 值计算出速高比值 V/H，再根据式（3.1）计算出像移速度，进而进行像移的补偿。

3.2　面阵 CCD 航空相机像移检测原理

3.2.1　系统组成

以面阵 CCD 作为光电转换器的速高比值测量系统组成框图如图 3.6 所示。

图 3.6　系统组成框图

本书主要研究系统组成框图中的第 2～4 部分，即面阵 CCD 相机、信号处理和 V/H 输出。各部分的主要工作如下。

1. 面阵 CCD 相机

综合速高比值测量系统的体积、重量、功耗、精度、成本等问题选择合适的面阵 CCD 相机。

2. 信号处理

此部分是全书研究的重点。主要包括：
（1）对面阵 CCD 相机输出的图像信号进行滤波。
（2）分析并处理速高比值测量系统和其用户（如航空相机或其他侦察设备等）的像移速度匹配问题。
（3）利用速高比值测量系统中的面阵 CCD 相机输出信号进行速高比值的计算。

3. V/H 输出

本书研究的速高比值测量系统带有串行通信接口，将速高比值的测量结果输出给用户使用，该串行通信接口可以采用 RS422 或者 RS232 等串行通信协议实现。

3.2.2　工作原理

景物经过光学系统后成像在装载于飞行载体上的面阵 CCD 相机像面，取连续两帧图像上相同大小的 128×128 像素块进行互相关灰度投影运算，利用黄金分割快速搜索算法搜索出互相关灰度投影运算的最大值，即寻找出第二帧图像相对于第一帧图像在 x 方向和 y 方向的图像位移矢量，进而计算出 x 方向和 y 方向像面像移速度值以及速高比值。

令 δ_x 表示 x 方向上的图像位移矢量，δ_y 表示 y 方向上的图像位移矢量。面阵 CCD 的像素尺寸为 σ，曝光时间为 t，那么像面上的二维像移速度可以通过式（3.18）得出：

$$v_i^x = \frac{\sigma \cdot \delta_x}{t} \tag{3.18}$$

$$v_i^y = \frac{\sigma \cdot \delta_y}{t} \tag{3.19}$$

面阵 CCD 的像元尺寸是 $10\mu m \times 10\mu m$，即 $\sigma = 10\mu m$；曝光时间 $t = 10ms$，代入式（3.18）和式（3.19）即可得出像面上 x 方向和 y 方向上的像移速度。

由式（3.1）可知速高比值计算公式如式（3.20）所示：

$$\frac{V}{H} = \frac{v_i}{f} \tag{3.20}$$

飞行载体携带的面阵 CCD 相机在高空拍摄景物图像的过程中由于图像在采集、获取、编码和传输的过程中不可避免地被各种噪声污染，降低图像的信噪比等，因此，面阵 CCD 的图像先通过随机共振（stochastic resonance）去噪，然后参与到上述的互相关灰度投影运算。

另外，由于速高比值测量系统与航空遥感相机安装在同一飞行载体上，所以两者的速高比值 V/H 相等，但是由于两个相机的焦距不同造成像面像移速度大小不同，因此，在速高比值测量系统输出像面像移速度值时要进行相应的转换运算。

像移检测装置中的面阵 CCD 像移速度、焦距、速高比值之间的关系满足式（3.1）。航空遥感相机的像移速度 v_i'、焦距 f'、速高比值 V/H 之间的关系满足式（3.1），即

$$v_i' = f' \cdot \frac{V}{H} \tag{3.21}$$

速高比值测量系统通过串行端口直接输出航空遥感相机的像移速度以便其进行像移补偿，因此，速高比值测量系统需要将自身面阵 CCD 的像移速度值换算成航空遥感相机的像移速度值，即

$$v_i' = \frac{f'}{f} \cdot v_i$$

3.2.3　面阵 CCD 相机的选择

本书研究的速高比值测量系统是为航空航天机载相机配备的独立的像移速度检测装置，在不需要对原航空航天相机的机械安装方式进行改动的前提下，还需要满足不给飞行载体增加过重的负载。因此，速高比值测量系统中使用的面阵 CCD 相机选取要遵循以下几个原则：体积小、重量轻、功耗低、价格低、分辨率高等。

面阵 CCD 相机的像元尺寸决定了相机的分辨率，像元尺寸越小相机的分辨率越高。面阵 CCD 相机像面的像元数决定了相机的地面覆盖范围，像元尺寸相同的前提下，像元数越多覆盖面积越大。速高比值测量系统中的面阵 CCD 相机不用于拍摄地面景物图像，对相机的地面覆盖范围没有要求，因此只需要选用价格相对较低的小面阵 CCD 相机。通常航空图像的像移量只是几十个像素，因此选用加拿大 DALSA 公司生产的全帧转移式面阵 CCD，焦面尺寸为 512×512 像素，单个像素的大小为 $10\mu m \times 10\mu m$。成像条件为：曝光时间 T 等于 10ms，镜头的焦距 f_0 等于 105mm。

第4章 基于互相关灰度投影算法的面阵 CCD 相机像移检测技术

4.1 研究原则与方案选择

对航空图像进行像移模糊补偿处理从而提高图像精度是航空侦查、勘探等军事或民用领域的关键问题，但是不论采用何种补偿方法都要依赖速高比值这一关键参数，因此，速高比值的测量成为首要问题。3.1 节给出的目前存在的几种速高比值测量方法均属于机械式测量方法，硬件系统复杂、容易受外界干扰，另外，系统集成度低，不易维护。

其中平行狭缝法和扫描相关法都利用矩形光学狭缝或者扫描圆盘上的矩形狭缝对景物滤波，通过后续的处理电路计算出滤波后信号的频率或者时间 τ，再根据频率与速高比值之间的线性关系换算出速高比值。这一类间接的速高比值测量方法由于中间环节的存在不易减少或消除测量误差，系统的准确率低。其他基于复杂光学测量系统，存在设计复杂、对光学系统的精度要求高、不易实现等弊端。另外，以扫描相关法为代表的相关测量算法利用两个光电探测器的信号进行相关运算，信息量小而导致测速精度低，不能捕捉精确的速度变化过程。若利用一个线阵 CCD 作为光电探测器，虽然可以提高采样信息量，但是只适用于严格的一维线性运动场合。

因此，本书研究速高比值测量系统的原则是：非接触式、数字化、大信息量、低成本、高效率、高精度。

本书选用面阵 CCD 作为实现非接触测量的光电传感器，在解决数字化的同时为了兼顾大信息量和低成本之间的矛盾，在面阵 CCD 型号选择时不能一味追求高像素、高分辨率，而是后期应用中采用软件算法进行超分辨率提升。另外，对于采用面阵 CCD 带来的实时解决大计算量问题需要研究合理的快速算法。

本书提出了一种互相关灰度投影算法，通过计算连续两帧图像上目标点像移量大小的方法推导出二维像移速度进而计算二维速高比值。采用 FPGA 硬件实现运算，解决面阵 CCD 二维测量相关运算的大数据处理问题，实现高速、实时测量。目前 FPGA 技术发展迅速，时钟频率高达上百兆，门电路高达上百万，而且 FPGA 是利用硬件实现相关运算的，速度快、精度高。同时，采用 FPGA 能实现相关器的高度集成化，减少分立元件带来的系统误差大、精度低、各元件速度不匹配以及可靠性低、极间电容导致的印制电路板（PCB）制版困难等问题。采用 DSP 作为微处理器，与 FPGA 配合使用完成速高比值的二维实时测量。该方案优点是集成度高、数字化、系统组成简单、调试维护容易、精度高等。

4.2　相关法概述

4.2.1　自相关函数、互相关函数的定义及物理意义

观察物理现象中某个随机变量的一段历程与另一段历程之间是否具有相关性就是观察该随机变量 $x(t)$ 在延迟了一个时间 τ 后的 $x(t+\tau)$ 是否会再现它过去的变化特征。对于不同的时延 τ ，$x(t+\tau)$ 和 $x(t)$ 波形的相似或同步程度是不同的，所以相关性的结果是自变量时延 τ 的函数。

自相关函数的总体平均法描述是不同 τ 值下 $x(t)$ 和 $x(t+\tau)$ 乘积的总体平均：

$$R_{xx}(t,\tau) = E\big[x(t)x(t+\tau)\big] \tag{4.1}$$

式中，$E[x(t)]$ 为随机变量 $x(t)$ 的数学期望或一阶原点矩、一阶平均值，是随机过程在 $t=t_1$ 时刻的平均值，定义为

$$\mu_x(t) = E\big[x(t)\big] = \lim_{N\to\infty}\frac{1}{N}\sum_{i=1}^{N}x_i(t) \tag{4.2}$$

所以自相关函数的总体平均法计算公式如下：

$$R_{xx}(t,\tau) = E\big[x(t)x(t+\tau)\big] = \lim_{N\to\infty}\frac{1}{N}\sum_{i=1}^{N}x_i(t)x_i(t+\tau) \tag{4.3}$$

自相关函数的时间平均法描述为

$$R_{xx}(\tau) = \lim_{T\to\infty}\frac{1}{T}\int_0^T x(t)x(t+\tau)\mathrm{d}t \tag{4.4}$$

互相关函数与自相关函数的意义类似，它揭示了某个随机变量的某段历程与另一随机变量的另一段历程的同步相关性。

总体平均法描述的互相关函数为

$$R_{xy}(t,\tau) = E\big[x(t)y(t+\tau)\big] = \lim_{N\to\infty}\frac{1}{N}\sum_{i=1}^{N}x_i(t)y_i(t+\tau) \tag{4.5}$$

时间平均法描述的互相关函数为

$$R_{xy}(\tau) = \lim_{T\to\infty}\frac{1}{T}\int_0^T x(t)y(t+\tau)\mathrm{d}t \tag{4.6}$$

以上相关函数的定义均是指在模拟系统中，而在数字电路中使用的是离散的相关函数，本书采用 FPGA 完成相关运算是典型的数字处理系统，其一、二维自相关函数、互相关函数的定义分别为

$$R_{xx}(\tau) = \frac{1}{N}\sum_{k=0}^{N-1} x(k\delta)x(k\delta+\tau) \tag{4.7}$$

$$R_{i,j} = \frac{1}{NM}\sum_{n=1}^{N}\sum_{m=1}^{M} x(m,n)x(i+m,j+n) \tag{4.8}$$

$$R_{xy}(\tau) = \frac{1}{N}\sum_{k=1}^{N} x(k\delta)y(k\delta+\tau) \tag{4.9}$$

$$R_{i,j} = \frac{1}{NM}\sum_{n=1}^{N}\sum_{m=1}^{M} y(m,n)x(i+m,j+n) \tag{4.10}$$

由式（4.3）～式（4.10）看出，R_{xx} 的大小与 $x(t)$ 的振幅有关，有可能一个线性相关的随机过程的 R_{xx} 值很小而一个不相关的随机过程的 R_{xx} 值却很大，因此，衡量随机过程的相关性一般要用相关系数。数学上定义相关系数为随机信号的相关函数值与其均方值之比：

$$\rho_{xx}(\tau) = \frac{E\big[(x(t)-\mu_x)(x(t+\tau)-\mu_x)\big]}{\sigma_x^2} = \frac{R_{xx}(\tau)-\mu_x^2}{\sigma_x^2} \tag{4.11}$$

式中，σ_x^2 是随机过程在 $t=t_1$ 时刻的方差，定义为

$$\sigma_x^2(t) = E\Big\{\big(x(t)-E[x(t)]\big)^2\Big\} = \lim_{N\to\infty}\frac{1}{N}\sum_{i=1}^{N}\Big\{\big(x(t)-E[x(t)]\big)^2\Big\} \tag{4.12}$$

互相关系数定义为

$$\rho_{xy}(\tau) = \frac{R_{xy}(\tau)}{\sqrt{R_x(0)R_y(0)}} \tag{4.13}$$

且有 $-1 \leqslant \rho_{xy}(\tau) \leqslant 1$，$\rho_{xy}(\tau)$ 是一个无量纲的值。

自相关函数在 $\tau=0$ 处取得最大值，其物理意义是信号与其自身的相关值总是最大。互相关函数最大值的物理意义是两个随机信号在此刻的同步相似性最大。

4.2.2　互相关法测量速高比值的基本思想

对于速高比值的测量可以考虑以下思路：采用互相关函数法，对面阵 CCD 的连续两帧图像信号选定第二帧中某一设定大小的局部区域与第一帧中同等大小的所有可能区域作互相关运算，通过比较互相关函数值找出相关函数的最大值点，根据该点对应的二维像移量与曝光时间的比值计算出二维像移速度，根据像移速度与速高比值的线性关系最终计算出速高比值[9, 10]。

速高比值测量系统的面阵 CCD 是 512×512 像素，按照以上思路逐点计算互相关函数需要处理的数据量较大，为了减少运算量、降低处理时间以更好地实现实时性，采用以下的处理方法。在连续两帧图像的第二帧（以下简称第二帧）

上选定一个固定区域大小为 128×128 正方形像素块，根据二维互相关函数的定义式（4.10）完成一次与连续两帧图像的第一帧（以下简称第一帧）上同等大小正方形像素块的互相关运算需要进行 128×128 次乘法运算、（128×128–1）次加法运算。

第一帧上 x 方向、y 方向所有可能出现像移的同等大小的正方形像素块一共有 (512–128)×(512–128)个，那么第二帧上选定的正方形像素块与第一帧上(512–128)×(512–128)个正方形像素块进行互相关运算，完成所有的运算需要进行的乘法运算次数为

$$128\times128\times(512-128)\times(512-128)=2415919104\approx2.42\times10^9$$

加法次数为

$$(128\times128-1)\times(512-128)\times(512-128)=2415771648\approx2.42\times10^9$$

总计算次数是以上两项的和，该数据量非常大。要想在一帧 CCD 图像输出的时间内完成这些运算以及后续计算速高比值的运算几乎是不可能的。而且这样的算法运算量庞大、系统资源消耗量大、效率低而不可取。

为了解决上述问题，本书提出了一种新型的相关算法——互相关灰度投影算法。

4.3　基于互相关灰度投影算法的图像位移矢量测量

4.3.1　灰度投影算法概述

灰度投影算法在统计意义上可完成图像的特征匹配，将二维图像的灰度特征匹配问题简化成两个一维图像的灰度特征匹配问题，既保证了匹配精度，又提高了运算速度。灰度投影算法具体的操作是将二维图像以行和列为单位，分别对各行各列进行灰度的累加后求平均，将该结果作为各行各列的特征数据进行相关运算。

对一幅 M 行 N 列的图像用一个二维数组 $\{f(m,n)\}$ 表示其二维灰度信息，其中，$m\in[1,M], n\in[1,N]$，将二维灰度信号 $\{f(m,n)\}$ 映射成两个独立的一维灰度信号 $X(m)$、$Y(n)$，其表达式为

$$
\begin{aligned}
X(m) &= \sum_{n=1}^{N}\frac{f(m,n)}{N}, \quad m=1,2,\cdots,M \\
Y(n) &= \sum_{m=1}^{M}\frac{f(m,n)}{M}, \quad n=1,2,\cdots,N
\end{aligned}
\tag{4.14}
$$

对于二维平移运动可以用以下线性变换模型来描述：

$$\begin{cases} X_C(m) \\ Y_C(n) \end{cases} = \begin{cases} X_R(m) \\ Y_R(n) \end{cases} + \begin{cases} dx \\ dy \end{cases} \qquad (4.15)$$

式中，$X_C(m)$、$Y_C(n)$ 表示当前图像像素点坐标；$X_R(m)$、$Y_R(n)$ 表示参考图像像素点坐标；dx、dy 表示当前图像相对于参考图像在 x 方向、y 方向的运动量，描述这两个方向上的瞬时运动。

灰度投影算法的原理是根据式（4.14）分别计算出当前图像和参考图像的平均灰度投影序列，根据某种匹配准则，对投影数据在每一个可能的候选运动矢量上进行搜索匹配，直到找出满足匹配原则的最优值，计算出当前图像相对参考图像的运动量。例如，采用最小均方差作为匹配准则，那么寻找最佳匹配点的过程就变化为求式（4.16）的最小值问题。

$$R(p,q) = \sum_{m=1}^{M} \left[X_R(m) - X_C(m+p) \right]^2 + \sum_{n=1}^{N} \left[Y_R(n) - Y_C(n+p) \right]^2 \qquad (4.16)$$

式中，p、q 分别表示当前图像相对于参考图像在 x 方向、y 方向的运动量。

4.3.2　互相关灰度投影算法的提出

从灰度投影算法的原理可以知道，其对于减少计算点数的效果是显著的。如前面提到的相关运算问题，运用灰度投影算法将 128×128 像素大小的正方形区域需要计算的点数下降为 128+128，需要参与运算的点数减少到原来的 1/64，同样完成 4.2.2 节中所述的两个 128×128 正方形像素块的相关运算需要乘法次数为 256、加法次数为 255。最大计算量减少到乘法次数为

$$256 \times (512 - 128) \times (512 - 128) = 37748736 \approx 3.77 \times 10^7$$

加法次数为

$$255 \times (512 - 128) \times (512 - 128) = 37601280 \approx 3.76 \times 10^7$$

乘法运算次数最大值下降到原值的 1/64，即 0.015625 倍；加法运算次数最大值下降到原值的 0.0156 倍。由此可见，相关灰度投影算法在运算量的减少上成果显著。

但是经过灰度投影算法处理后再执行相关运算的运算量仍是大规模的，实现起来十分困难。如何进一步在大幅度减少运算量的同时又不影响最后的处理效果，兼顾执行效率和准确度是下一步研究的关键问题。这部分将在 4.3.3 节论述。

由于互相关函数的物理意义是两个随机信号在互相关函数最大值处的同步相似性最大，正符合测量图像位移矢量这一目的。因此，结合互相关函数法和灰度投影算法的优点，提出了一种互相关灰度投影算法，完成图像位移矢量的测量，这种算法的中心思想就是以互相关函数最大值作为传统灰度投影算法的匹配原则。

4.3.3　图像位移测量

1. 基本思想

每一次测量图像位移矢量采用面阵 CCD 两帧连续输出的图像进行,取第二帧图像中的一个固定区域大小为 128×128 的正方形像素块与第一帧中所有可能产生像移的范围内全部大小为 128×128 的正方形像素块作相关灰度投影算法。在第二帧图像上选定 128×128 的正方形区域的方法在理论上是任意的,但是不同的区域位置的选择使得图像位移矢量的测量范围有差异。例如,图 4.1(a)中阴影部分所示的区域选择方法,在图中所示的二维坐标的 x 为正方向和 y 为正方向上可以检测的像移量均为最大值 $\sigma_{max}=384$ 像素,但是在 x 为负方向和 y 为负方向上可以检测的像移量均为最小值 $\sigma_{min}=0$;如图 4.1(b)中阴影部分所示的区域选择方法,在 x 正、负方向可以检测的像移量均为 $\sigma=192$ 像素,在 y 正方向上可以检测的像移量最大值 $\sigma_{max}=384$ 像素, 在 y 负方向上可以检测的像移量最小值 $\sigma_{min}=0$ 。兼顾 x 和 y 的正负方向,本书的区域选择如图 4.1(c)阴影部分所示,是 512×512 图像的中心区域,这样在 x 正、负方向,y 正、负方向可以检测的像移量最大值均为 $\sigma=192$ 像素。

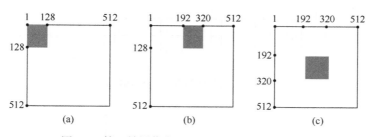

图 4.1　第二帧图像上 128×128 区域的选取方案

前面提到的互相关灰度投影算法处理后计算量虽然降低了 3 个数量级但规模仍较大,需要采用合理的方法削减运算量。通常航空图像的像移量只是几十个像素,而根据前述的 128×128 像素的正方形区域选择原则,最大可测图像位移量高达 384 像素,理论研究的测量范围远远大于实际情况,这势必造成大量的相关运算会发生在无实际物理意义的区域,造成极大的资源浪费。因此,结合理论测量范围与实际测量范围,本系统在第一帧图像上限定一个参与相关运算的合理的像素范围。如图 4.2 所示,第一帧图像上限定的参与互相关运算的正方形区

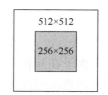

图 4.2　第一帧图像参与互相关运算的有效区域

域是 256×256 像素，即图中阴影区域。该区域的限定方法使得本系统在 x 正、负方向，y 正、负方向可以检测的像移量最大值均是 $\sigma = 64$ 像素。

2. 二值化互相关函数

面阵 CCD 相机连续两帧图像的二维互相关函数可以写成如下形式：

$$R_{i,j} = \frac{1}{NM} \sum_{n=1}^{N} \sum_{m=1}^{M} X_C(m,n) X_R(i+m, j+n) \tag{4.17}$$

式（4.17）的实现是基于乘法运算和加法运算，微处理器处理加法运算比较容易而处理乘法运算比较复杂，耗时长、资源消耗大。

图 4.3 所示是一组连续函数及其二值化函数的对比曲线，图 4.4 所示分别是它们的相关函数曲线。由此可以得出这样的结论：虽然连续函数和其二值化后的函数曲线形式不同，但是它们的相关函数曲线具有相同的趋势，即相关函数取得最大值的位置相同。

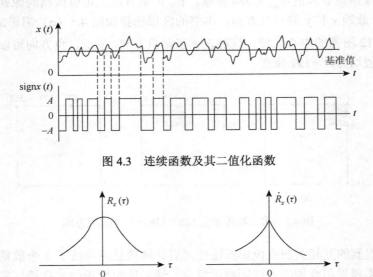

图 4.3　连续函数及其二值化函数

(a) 普通的相关函数曲线　　　　　(b) 二值化后的相关函数曲线

图 4.4　连续函数和其二值化函数的相关函数曲线

由于在互相关函数的计算过程中只关心两帧图像的同步相似区域位置，即互相关函数取得最大值时的两帧图像的位置关系，而对互相关函数的具体数值不关心，因此，可以通过把灰度投影数据二值化处理后再根据式（4.18）进行互相关函数的计算。

$$R_{i,j} = \frac{1}{NM} \sum_{n=1}^{N} \sum_{m=1}^{M} A\,\mathrm{sign}\big[y(m,n)\big] \cdot A\,\mathrm{sign}\big[x(i+m,j+n)\big] \qquad (4.18)$$

二值化时以图像的平均灰度值作为阈值，各像素点的灰度数据与之比较形成二值化图像数据。式（4.18）被称为二值化互相关函数，它与一般相关函数的区别是相乘的连续信号被幅值为 A 的符号函数代替。通常为了简化运算取 $A=1$，另外，由于式（4.18）中的系数 $\frac{1}{NM}$ 不影响相关函数最大值的位置也可以忽略，所以进一步简化后的二值化互相关函数为

$$R_{i,j} = \sum_{n=1}^{N} \sum_{m=1}^{M} \mathrm{sign}\big[X_{\mathrm{C}}(m,n)\big] \cdot \mathrm{sign}\big[X_{\mathrm{R}}(i+m,j+n)\big] \qquad (4.19)$$

因为符号函数 $\mathrm{sign}()$ 只有 ± 1 两种取值，所以两个符号函数相乘共有三种可能的形式，即 $1\times 1=1$、$(-1)\times(-1)=1$、$1\times(-1)=-1$。由此可以看出，当两乘数相同时得 1，相异时得 -1。采取布尔形式进一步化简，布尔量 1 代替数值 1，布尔量 0 代替数值 -1；那么可采用逻辑运算来实现式（4.19），用异或非门代替乘法运算，计数器代替加法运算。

3. 算法的具体应用

图 4.5 所示标出了两帧图像上参与互相关灰度投影运算的矩形区域坐标，当前图像（第二帧）的坐标范围是 $\big[X_{\mathrm{C}}(192), Y_{\mathrm{C}}(192)\big] \sim \big[X_{\mathrm{C}}(320), Y_{\mathrm{C}}(320)\big]$，参考图像（第一帧）的坐标范围是 $\big[X_{\mathrm{R}}(128), Y_{\mathrm{R}}(128)\big] \sim \big[X_{\mathrm{R}}(384), Y_{\mathrm{R}}(384)\big]$。

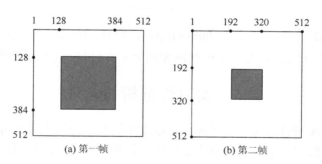

图 4.5　两帧图像上参与互相关灰度投影运算的矩形区域

写成二值化互相关函数的形式为

$$R_{i,j} = \sum_{i=-64}^{64} \sum_{j=-64}^{64} \sum_{m=192}^{320} \sum_{n=192}^{320} \mathrm{sign}\big[X_{\mathrm{C}}(m,n)\big] \cdot \mathrm{sign}\big[X_{\mathrm{R}}(i+m,j+n)\big] \qquad (4.20)$$

式中，(m,n) 代表当前图像即第二帧图像的二维坐标值；$(i+m, j+n)$ 代表参考图像即第一帧图像的二维坐标值。

由式（4.20）可以计算出完成两帧图像的全部互相关灰度投影运算需要进行的乘法即异或非运算次数为

$$256 \times 128 \times 128 = 4194304 \approx 4.19 \times 10^6$$

加法即计数次数为

$$255 \times 128 \times 128 = 4177920 \approx 4.18 \times 10^6$$

综上所述，经过灰度投影、相关运算区域的限定等处理使得运算量大幅度减少，由最初的数量级 10^9 下降到数量级 10^6，降低了 3 个数量级，运算量降低到最初想法的千分之一。

在 m、n、i、j 的所有取值范围内计算二值化互相关函数，结束后寻找出其最大值，此时对应的 i、j 值即当前图像相对于参考图像的图像位移像素数，i、j 值的正负表征图像像移矢量的方向，正代表沿坐标轴正方向，负代表沿坐标轴负方向。

4.4　图像位移矢量与像移值的转换

面阵 CCD 相机输出的运动模糊图像经过随机共振滤波后再经过互相关灰度投影算法处理最终得到二维方向上的位移矢量，令 δ_x 表示 x 方向上的图像位移矢量，δ_y 表示 y 方向上的图像位移矢量，即 $\delta_x = i_{\max}$，$\delta_y = j_{\max}$。CCD 的像素尺寸为 σ，曝光时间为 t，那么像面上的二维像移速度可以通过式（4.21）得出：

$$v_i^x = \frac{\sigma \cdot \delta_x}{t} \tag{4.21}$$

$$v_i^y = \frac{\sigma \cdot \delta_y}{t} \tag{4.22}$$

面阵 CCD 的像元尺寸是 $10\mu m \times 10\mu m$，即 $\sigma = 10\mu m$；曝光时间 $t = 10ms$，代入式（4.21）和式（4.22）即可得出像面上 x 方向和 y 方向上的像移速度。

4.5　实时性分析与实现

采用 FPGA 硬件法实现相关运算，以逻辑运算代替算术运算可靠性高、效率高、耗时短、操作简单。利用异或非门实现代数的乘运算，利用计数器实现代数的加运算。如果 FPGA 时钟频率为 100MHz，则时钟周期为 10ns。按照前面所述，完成两帧图像的全部互相关灰度投影运算需要的时间是

$$(256 + 255) \times 128 \times 128 \times 10 \times 10^{-9} \approx 0.084s$$

该面阵 CCD 的帧频是 500fps，即输出的两帧图像时间间隔是 $0.002s \ll 0.084s$，故按照 4.3 节的思路直接利用互相关灰度投影算法计算图像位移矢量以及速高比值无法满足系统实时性的要求。因此，在实际应用中采取平行算法来提高运算速度。

用矩阵 A 表示第二帧参与运算的 128×128 像素块，用矩阵 B 表示第一帧参与运

算的 128×128 像素块，m、n 分别为横向、纵向位移像素数。完成一次相关运算即 m、n 在取值范围内取某一值时完成矩阵 A 与矩阵 B 的对应元素相乘再相加。如前面所述在系统设定的范围内，第一帧中共有满足条件的像素块个数为 128×128＝16384 个，如果矩阵 A 能同时与 16384 个矩阵 B 完成对应元素相乘再相加的运算即并行运算，则完成全部相关运算耗时等于矩阵 A 与一个矩阵 B 进行相关运算所需要的时间，即

$$(256+255)\times10\times10^{-9}\approx5.11\times10^{-6}s$$

$$5.11\times10^{-6}s<0.002s$$

再经过最大互相关函数值的查找以及图像位移矢量到速高比值的转换总耗时满足小于 0.002s，速高比值测量系统完全可以实现实时性测量。

FPGA 门电路高达上百万，系统性能高达上百兆。ACEX1K 系列 FPGA 自带的嵌入式阵列块（EAB）是一种在输入输出端口上带有寄存器的灵活的 RAM 电路，实现存储功能时每个 EAB 提供 4096bit 的空间，使用时可以把若干个 EAB 组合起来构成大容量 RAM，当 RAM 容量不超过 2048 字节（16384bit）时 EAB 的时钟不受影响，RAM 的读写时钟可以彼此独立，时钟使能信号、读写地址可以独立工作，甚至各个端口的触发器都可以彼此独立，可见，该类型的 RAM 电路非常灵活有效。在进行相关运算的过程中可以将第一帧（即矩阵 B）存入由 FPGA 逻辑门编程构成的存储单元中，将第二帧（即矩阵 A）存入由 EAB 构成的存储单元中，再采用前面叙述的并行算法实现相关运算。

4.6　模拟实验与测量精度

在实验室进行模拟实验时，图 4.6 所示是实验装置图，所用 CCD 相机即前面所述的加拿大 DALSA 公司生产的焦面尺寸为 512×512 像素，单个像素的大小为 10μm×10μm 的全帧转移式面阵 CCD。将白底黑字的纸张固定在运动速度可调控的固定旋转台上作为被拍摄景物，相机固定安放在旋转台对面进行拍摄。用相机和景物之间的相对运动来模拟实际航空拍摄时的场景。

图 4.6　实验装置图

　　图 4.7 所示为在不同曝光时间下相机拍摄到的运动纸张中的部分文字图像。

(a) 曝光时间 15ms 无补偿　　　　　(b) 曝光时间 30ms 无补偿　　　　　(c) 曝光时间 60ms 无补偿

图 4.7　无补偿时所摄图像效果图

　　图 4.8 所示是在不同曝光时间下应用本书研究速高比值测量系统检测出的实时速高比值，并根据该值对拍摄到的图像进行像移补偿操作后的部分文字图像。

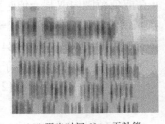

(a) 曝光时间 15ms 有补偿　　　　　(b) 曝光时间 30ms 有补偿　　　　　(c) 曝光时间 60ms 有补偿

图 4.8　有补偿时所摄图像效果图

　　图 4.9 所示是一幅 VOS40/500 航测相机实际的航拍图像，景物是一架停放在地面的飞机，拍摄条件是 VOS40/500 航测相机的载体飞机前向飞行速度为 70m/s，飞行高度为 840m，相机物镜焦距调到 90mm，帧频 10 帧/s。此时的速高比值为 $\dfrac{70}{840} = 0.0833 \, \mathrm{rad/s}$。图 4.10 所示是用本书研究的速高比值测量系统测量后进行像移检测并补偿后图像。

图 4.9　航空模糊图像　　　　　　　图 4.10　像移检测并补偿后图像

由于载体飞机在飞行途中的前向飞行速度可以直接得到而在纵向上的抖动速度很难测得，因此以下的对比研究仅以飞机的向前飞行导致的像移模糊为例。由于载体飞机的运动导致拍摄的图像存在像移模糊问题，采用本系统研究的速高比值测量系统对该图片进行滤波和图像速高比值测量，得出的测量结果是 x 方向即飞机前向飞行方向上的图像位移矢量为 106 个像元，根据 4.4 节中式（4.21）计算飞机前向像移速度为

$$v_i^x = \frac{\sigma \cdot \delta_x}{t} = \frac{7.4\mu m \times 104}{0.1s} = 7.696 \times 10^{-3} m/s$$

代入式（3.1）得

$$\frac{V}{H} = \frac{v_i}{f} = \frac{7.696 \times 10^{-3}}{90mm} = 0.0855\, rad$$

通过以上数据得出结论：在载体飞机的前向（x 方向）上本系统研究的由该速高比值检测系统测得的速高比值与根据载体飞机的前向飞行速度与飞行高度得到的速高比值之间的绝对误差为 0.0022，相对误差约为 2.64%。

用本书研制的速高比值测量系统对图 4.9 进行多次速高比值测量实验后得到平均相对误差值约为 2.6%，即系统精度约为 2.6%。

在测量结果中存在随机误差和系统误差，其中随机误差一般由许多难以控制的和经常变化的微小因素造成且大小和符号无法预知。而系统误差应该设法发现并消除，系统误差主要来源于以下几个方面：

（1）一维电控平移台的固有精度。

（2）相机的精度。

（3）测速系统中被测物、相机的安装定位是否正确合理，FPGA 及系统中各元器件精度，各电路模块是否正常工作。

（4）测量场地的环境条件变化，如尘污、振动、温度、空气折射率等因素。

第 5 章　航空图像滤波

5.1　图像噪声概述

数字图像处理中噪声是指图像中的非本源信息，噪声的存在会影响人对所接收的信源消息的准确理解，造成认识上的误差。在理论上，噪声只能通过概率统计的方法来认识和研究，由于图像噪声是多维度的随机信号，因此可以采用概率分布函数、概率密度函数、均值、方差、相关函数等描述噪声特征。

5.1.1　图像噪声的产生

目前的数字图像系统、输入光图像都是通过扫描方式将多维图像变成一维电信号，再对其进行存储、处理和传输等，最后形成多维图像信号。在这一系列的变换处理过程中，图像数字化设备、电气系统和外界的影响都不可避免地会给数字图像带来噪声。例如，处理高放大倍数遥感图片和 X 射线图像系统中的噪声等已经成为不可或缺的技术[11]。

5.1.2　图像噪声的分类

按照产生的原因，图像噪声可以分为内部噪声和外部噪声。外部噪声是指系统外部干扰从电磁波或经电源传进系统内部而引起的噪声，如电气设备、自然界的放电现象等引起的噪声。一般情况下，数字图像中常见的外部干扰主要包括以下几种：

（1）设备元器件及材料本身引起的噪声，如磁带、磁盘表面缺陷产生的噪声。

（2）系统内部设备电路引起的噪声，包括电源系统引入的交流噪声、偏转系统和钳位电路引起的噪声等。

（3）电气部件机械运动产生的噪声，如数字化设备的各种接头因抖动引起电流变化产生的噪声，磁头、磁带抖动引起的抖动噪声等。

按照统计特性，图像噪声可以分为平稳噪声和非平稳噪声，其中统计特性不随时间变化的噪声称为平稳噪声，统计特性随时间变化的噪声称为非平稳噪声。

　　按照噪声和信号之间的关系，图像噪声可以分为加性噪声和乘性噪声。加性噪声的理论研究比较成熟，处理比较方便；乘性噪声的理论研究目前处于不成熟阶段，处理起来非常复杂。一般情况下，现实生活中遇到的绝大多数图像噪声均可认为是加性噪声。

　　常见的图像噪声有椒盐噪声和高斯噪声。椒盐噪声是由图像传感器、传输信道、解码处理等产生的黑白相间的亮暗点噪声。高斯噪声是指它的概率密度函数服从高斯分布的一类噪声，除了采用通用的噪声抑制方法外，对高斯噪声的处理和抑制常常采用数理统计的方法。

5.1.3　图像噪声的特点

1. 叠加性

　　在图像的串联传输系统中，各个串联部分引起的噪声一般具有叠加效应，使信噪比下降。

2. 分布和大小不规则性

　　由于噪声在图像中是随机出现的，所以其分布和幅值也是随机的。

3. 噪声和图像之间具有相关性

　　通常情况下摄像机的信号和噪声相关，明亮部分噪声小，黑暗部分噪声大。数字图像处理技术中存在的量化噪声与图像相位相关，例如，图像内容接近平坦时，量化噪声呈现伪轮廓，但此时图像信号中的随机噪声（random noise）会因为颤噪效应而使得量化噪声变得不是很明显。

　　改善被噪声污染图像的质量有两类方法：一类是不考虑图像噪声的原因，只对图像中某些部分加以处理或突出有用的图像特征信息，改善后的图像并不一定与原图像信息完全一致，这一类改善图像特征的方法就是图像增强技术，主要目的是提高图像的可辨识性；另一类方法是针对图像产生噪声的具体原因，采取技术方法补偿噪声影响，使改善后的图像尽可能地接近原始图像，这类方法称为图像恢复或复原技术。

5.2　航空遥感 CCD 相机滤波

5.2.1　CCD 相机滤波的提出

　　飞行载体携带的面阵 CCD 相机在高空拍摄景物图像的过程中由于图像

在采集、获取、编码和传输的过程中不可避免地被各种噪声污染，降低图像的信噪比、影像图像质量甚至掩盖图像的细节信息等，因此必须对图像进行滤波去噪。

同时，由于速高比值测量系统安装在飞机或其他飞行载体中进行航空拍摄，为了在沙漠或者水面上顺利地提取出有用信号，对面阵 CCD 相机的输出信号进行滤波这个过程是必不可少的。

图像处理中经常使用的基本模型是 $y = Hx + z$，这里的 z 是噪声，y 是含有噪声的图像，H 是传递函数。图像处理的基本任务是尽可能地恢复出正确的图像 x，因此都需要滤除或者克服噪声 z，这就是图像的降噪滤波。消除图像中的噪声成分称为图像的平滑化或滤波操作。信号或图像的能量大部分集中在幅度谱的低频和中频段，而在较高频段，感兴趣的信息经常被噪声淹没。因此一个能降低高频成分幅度的滤波器能够减弱噪声的影响。对航空遥感 CCD 相机的滤波主要体现在两个方面，一个是图像复原，一个是图像增强。图像复原与图像增强是两种改善图像质量的方法，但是二者存在明显的区别。

（1）图像复原需要利用退化过程的先验知识来建立退化模型，在退化模型的基础上采取与退化相反的过程来恢复图像；而图像增强不需要针对图像降质过程建立模型。

（2）图像复原是针对整幅图像的，以改善图像的整体质量；而图像增强是针对图像的局部，以改善图像局部的特性，如图像的平滑和锐化。

（3）图像复原是利用图像退化过程来恢复图像的本来面目，最终结果是能够被客观的评价准则来衡量；而图像增强主要是尝试用各种技术来改善图像的视觉效果，以适应人的要求，而不考虑处理后的图像是否与原图相符，不需要统一的客观评价准则。

5.2.2　CCD 相机技术指标

被拍摄的景物经过光学系统成像在 CCD 图像传感器上，在相机控制系统的控制下图像数据完成压缩、存储和传输。在此过程中，图像会受到多种噪声的干扰，需要对图像进行滤除噪声处理和像移补偿处理。当 CCD 满足系统信噪比要求的积分时间超过了物体在像面上投影移动一个像元的时间时，调制传递函数将会迅速下降导致成像模糊，像移补偿技术可以使系统在长时间积分时调制传递函数不发生明显变化。

CCD 遥感相机光学系统和成像系统的主要技术指标有地面采样距离（ground sample distance，GSD）、调制传递函数（MTF）、速高比值、信噪比、地面覆盖宽度等。图像压缩部分的主要技术指标有图像压缩比、图像存储容量、图像传输速率等。整个相机系统的主要技术指标有质量、功耗、可靠度、力学环境适应能力、热环境适应能力、电磁兼容性能、辐射环境适应能力等。

以下介绍 CCD 遥感相机光学系统和成像系统中几个主要技术指标。

1. 地面采样距离

当遥感 CCD 相机垂直对地成像时，地面采样距离满足以下公式：

$$GSD = \frac{\sigma H}{f} \qquad (5.1)$$

式中，σ 是 CCD 像元尺寸；H 是遥感相机所在的轨道高度；f 是光学系统焦距。由此关系式可知，在 CCD 像元尺寸固定的情况下，要提高地面像元的分辨率需要增大光学系统焦距或者减小轨道高度。

图 5.1 给出了不同地面采样距离下 CCD 遥感相机成像的视觉效果图。

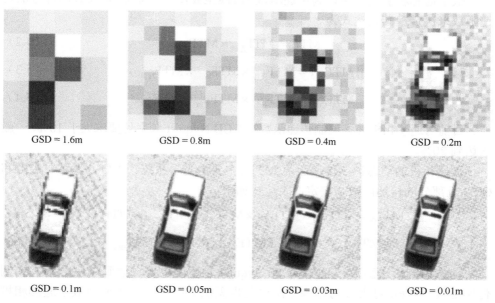

| GSD = 1.6m | GSD = 0.8m | GSD = 0.4m | GSD = 0.2m |
| GSD = 0.1m | GSD = 0.05m | GSD = 0.03m | GSD = 0.01m |

图 5.1 不同 GSD 下成像效果图

系统的空间分辨率是 GSD 的 2～2.8 倍。拍摄过程中一些典型的目标对空间分辨率的要求如表 5.1 所示。

表 5.1　目标类型对 GSD 指标要求

目标类型	地面空间分辨率/m			
	发现	识别	确认	技术分析
机场	6	4.6	3	0.15
水面舰只	15	4.6	0.15	0.04
飞机	4.6	1.5	0.15	0.04
导弹阵地	3	1.5	0.15	0.04
车辆、坦克	1.5	0.6	0.15	0.04
火箭、大炮	0.9	0.6	0.15	0.04

2. 调制传递函数

地面采样距离是遥感相机最重要的指标之一，为了满足该指标的要求，相机必须具有相应的静态和动态调制传递函数。

数字遥感相机的静态调制传递函数 MTF_S 主要由光学系统和 CCD 两部分的传递函数来决定，其表达式为

$$MTF_S = MTF_{光学} \times MTF_{CCD} \qquad (5.2)$$

$$MTF_{光学} = MTF_{设计} \times MTF_{加工} \times MTF_{装调} \qquad (5.3)$$

$$MTF_{CCD} = MTF_{孔径} \times MTF_{扩散} \times MTF_{转移} \qquad (5.4)$$

目前对遥感相机静态调制传递函数在 CCD Nyquist 频率处要求大于 10%，一般应达到 20%。

遥感相机的动态调制传递函数 MTF_D 主要由光学系统、大气、像移、震颤和 CCD 五部分的传递函数来决定，表达式如下：

$$MTF_D = MTF_{光学} \times MTF_{大气} \times MTF_{像移} \times MTF_{震颤} \times MTF_{CCD} \qquad (5.5)$$

$$MTF_{CCD} = MTF_{孔径} \times MTF_{扩散} \times MTF_{转移} \times MTF_{积分} \qquad (5.6)$$

动态调制传递函数一般在 CCD Nyquist 频率处也要求达到 10%。动态调制传递函数 MTF_D 对大气的影响无法避免也无法克服；震颤主要由数字遥感相机系统的载体（飞机等）产生，通常通过将相机安装在减震平台上、在拍摄时控制震动源工作的方式等来解决。像移和积分都是遥感相机在运动中成像造成的。$MTF_{积分}$ 是积分时在运动路径上采样孔径的传递函数，当孔径等于 GSD 时，$MTF_{积分}$ 的数值为 0.637。此时 CCD 最大积分时间满足 $T_{int} = GSD/V_g$，其中 V_g 是相机和地面的相对速度。

3. 速高比值

表 5.2 列出当 CCD 航空遥感相机焦距为 70mm、CCD 像元尺寸为 8.75μm、像元数为 9K×9K 时载体不同飞行高度下速高比值等参数的数据。

表 5.2　不同飞行高度下各参数数据

飞行高度/m	飞行速度/(km/h)	GSD/m	速高比值/(1/s)	最大积分时间/ms
3000	550	0.38	0.051	2.45
	320		0.030	4.22
	250		0.023	5.40
	140		0.013	9.64
1000	550	0.38	0.153	0.82
	320		0.089	1.41
	250		0.069	1.80
	140		0.039	3.21
500	550	0.38	0.306	0.41
	320		0.178	0.70
	250		0.139	0.90
	140		0.078	1.61

在同等大小 GSD 的条件下，若载体飞行速度相同则载体的飞行高度越高速高比值越小；若载体飞行高度相同则飞行速度越慢速高比值越小。由此可见，适当地增加载体的飞行高度、降低载体的飞行速度有利于减小速高比值和减少像移量。

4. 信噪比

信噪比是输出信号电压与输出噪声电压之比，也等效于信号等效电荷数与总噪声等效电荷数之比。

$$\text{SNR} = \frac{N_S}{N_{N-ALL}} = \frac{N_S}{\sqrt{N_S + N_{ND}^2 + N_{NR}^2 + N_{NA/D}^2}} \qquad (5.7)$$

提高遥感相机的信噪比是航测领域的重点研究内容，尽量增加 CCD 输出信号等效电荷数是提高相机灵敏度的一种方法，另一个提高相机灵敏度的途径是对 CCD 相机系统的各种噪声进行抑制。

遥感相机 CCD 最大的积分时间 T_{int} 应该满足以下关系：

$$T_{int} \leqslant \frac{\text{GSD}}{V_g} = \frac{a \cdot H}{f \cdot V_g} \qquad (5.8)$$

5. 地面覆盖宽度

地面覆盖宽度 SW 取决于遥感相机的飞行高度 H、焦距 f、视场角 FOV、CCD 的像元尺寸 a 和像元数 PN。

$$SW = GSD \times PN = \frac{aH}{f} \times PN \tag{5.9}$$

由地面覆盖宽度 SW 决定的遥感相机视场角 FOV 必须满足下式:

$$FOV \geqslant 2\omega = 2\arctan\left(\frac{SW}{2H}\right) \tag{5.10}$$

比较大的地面覆盖宽度要求使遥感相机的设计面临大视场角和大像元的难题, 此时必须应用 CCD 的拼接技术。

5.2.3　CCD 的噪声和信噪比

噪声一般是由某种或许多种非确定因素造成的, 常用的噪声模型分为加性噪声、乘性噪声、高斯噪声、重尾分布噪声、椒盐噪声、量化噪声等。噪声的来源主要有三种类型:

(1) 由电子放大器引入的热噪声, 又称为电子噪声, 这种由电子的热运动产生的噪声通常用零均值高斯白噪声作为模型。

(2) 图像在光电转换过程中由于每个像素接受光子数目有限而形成的光电子噪声, 在弱光照下近似为泊松分布而在强光照下近似为高斯分布。

(3) 感光颗粒本身的尺寸、所需光子数量等的差异而形成的颗粒噪声, 一般用高斯白噪声描述。

特定的成像技术中常伴随特定的噪声, CCD 的噪声分为随机噪声和图形噪声, 其中随机噪声是时域上的随机变化, 只能用统计特性描述, 图形噪声时域上不变空域上变化。CCD 噪声干扰过程如图 5.2 所示。

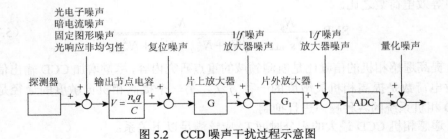

图 5.2　CCD 噪声干扰过程示意图

以下介绍几种 CCD 的主要噪声。

1. 光子散粒噪声

光电成像器件的光敏面吸收光子产生电荷的过程是随机过程，在一定的入射光条件下，光敏面在任意相同的时间内，产生的电子数不一定相同，而是在某一平均值的上下变化，形成了光子散粒噪声。它可以近似用离散型泊松分布函数表示。光子散粒噪声不能被后续电路抑制或抵消。若光子散粒噪声用 σ_{shot} 表示，CCD 输出信号强度或信号电子数用 S 表示，则有

$$\sigma_{shot} = \sqrt{S} \tag{5.11}$$

2. 暗电流噪声

由组成 CCD 的硅晶体热运动产生电子数目的统计性变化差异引起暗电流。CCD 的暗电流在说明书中通常以如下三种方式给出：

（1）一定时间内的暗信号电子数。

（2）一定时间内的暗信号电压数。

（3）暗电流密度。

单位时间暗信号电子数的公式为

$$D_e = 2.5 \times 10^5 A_S J_{dc} T^{1.5} e^{-E_g/(2KT)} \tag{5.12}$$

$$E_g = 1.11577 - \frac{7.021 \times 10^{-4} \times T^2}{1180 + T} \tag{5.13}$$

式中，A_S 是有效像元面积；J_{dc} 是暗电流密度；K 是玻尔兹曼常量；T 是热力学温度；E_g 是带隙。

由式（5.13）知，由平均暗电流信号产生的噪声即暗电流噪声，与温度的关系极为密切。以德州仪器（TI）公司的 TC271 为例，像元尺寸为 $12\mu m \times 12\mu m$，在 27℃ 时 $J_{dc} = 100pA/cm^2$，阵列温度每增加 7～8℃，暗电流密度增加一倍。暗电流密度与温度的关系见表 5.3。

表 5.3　暗电流密度与温度的关系

温度/℃	暗电流密度/(pA/cm²)	1℃百分数变化	增加的温度/℃
60	1136	6.6	10.8
40	276	7.7	9.5
20	55.8	8.9	8.4
0	9.02	10.2	7.2
−20	1.11	11.9	6.2
−40	9.58×10^{-2}	14.1	5.3
−60	5.33×10^{-3}	17.0	4.4

在不同的暗电流密度下，暗电流与温度的关系曲线如图 5.3 所示。

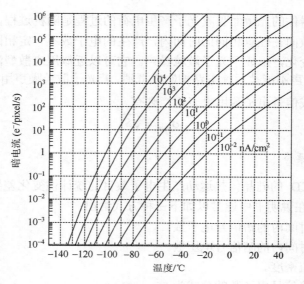

图 5.3　暗电流与温度的关系曲线

暗电流对 CCD 成像的影响降低了动态范围，增加了 CCD 噪声。暗电流噪声和光子噪声一样也服从泊松分布。它的大小是在曝光时间内产生的暗电流的平方根，若暗电流噪声用 σ_{dark} 表示，暗电流电子数用 n_{dark} 表示，T_{int} 是积分时间，则

$$n_{\text{dark}} = D_{\text{e}} \times T_{\text{int}} \tag{5.14}$$

$$\sigma_{\text{dark}} = \sqrt{n_{\text{dark}}} = \sqrt{D_{\text{e}} \times T_{\text{int}}} \tag{5.15}$$

通过降低暗电流的大小可以抑制暗电流散粒噪声。

3. 复位噪声

复位噪声（reset noise）与 CCD 的输出结构有关，输出检测单元为浮置结构的 CCD 会产生复位噪声。这种结构的 CCD 由于参考电源滤波不足会将电源的波动带到输出端引起输出电压的波动。另外，当 CCD 数据传输速率较快时输出端的电容没有足够的时间充放电导致电容上每次都有剩余电荷，从而使得 CCD 的输出信号发生畸变。这两点构成了 CCD 的复位噪声。复位噪声等于：

$$\sigma_{\text{reset}} = \sqrt{\frac{KTC}{q}} \tag{5.16}$$

式中，K 是玻尔兹曼常量；T 是热力学温度；C 是输出端电容。

4. 放大器噪声和读出噪声

放大器噪声 σ_a 包括放大器电阻热噪声 σ_{aw} 和闪烁噪声 σ_{af} 两部分。一般将复位噪声和放大器噪声合称为读出噪声 σ_{read}，关系如下：

$$\sigma_{read}^2 = \sigma_{reset}^2 + \sigma_{aw}^2 + \sigma_{af}^2$$

5. 量化噪声

将模拟视频信号转换为数字视频信号的量化过程中将产生量化噪声（quantization noise）。

6. 固定图形噪声

每个 CCD 单元的暗电流不同时，会产生固定图形噪声（FPN），是由硅体内复合中心的不均匀分布和 Si-SiO₂ 界面复合中心的不均匀分布造成的。由于固定图形噪声不随时间和空间变化，所以只要在检测时分离即可以清除。通过降低暗电流的大小可以减小固定图形噪声。

7. 总随机噪声

CCD 总随机噪声分为固定图形噪声和响应非均匀性噪声（PRNU）。固定图形噪声：在无照明时，像元与像元之间输出的变化，主要为各像元之间暗电流的差别。属于加性噪声，可以补偿的噪声。响应非均匀性噪声：在有照明时，像元与像元之间输出的变化，主要为各像元之间响应度的差别。将其定义为响应度差的均方根值除以平均值，属于乘性噪声，可以补偿的噪声。

当考虑固定图形噪声和响应非均匀性噪声时系统的噪声为

$$\sigma_{sys} = \sqrt{S + \sigma_{dark}^2 + \sigma_{read}^2 + \sigma_{FPN}^2 + \sigma_{PRNU}^2} \tag{5.17}$$

当忽略固定图形噪声而只考虑非均匀性噪声时系统的噪声为

$$\sigma_{sys} = \sqrt{S + \sigma_{dark}^2 + \sigma_{read}^2 + \sigma_{PRNU}^2} \tag{5.18}$$

式中，S 表示 CCD 输出信号强度或信号电子数。

CCD 所受光信号越强信噪比越大，满阱电荷和响应非均匀性是最大信噪比的限制。当忽略读出噪声和暗电流噪声，只考虑随机噪声时系统的信噪比为

$$SNR_r = \frac{S}{\sigma_r} = \sqrt{S} \tag{5.19}$$

当考虑响应非均匀性时系统信噪比为

$$SNR_{sys} = \frac{S}{\sigma_{sys}} \tag{5.20}$$

当信号非常弱时信噪比很小，如果忽略暗电流噪声，只考虑随机噪声时信噪比为

$$\mathrm{SNR_r} = \frac{S}{\sigma_{\mathrm{read}}} \qquad (5.21)$$

$\mathrm{SNR_r}$ 等于一时的曝光量，称为等效噪声曝光量 NEE。这时可以忽略响应非均匀性的影响。

当信号非常弱、信噪比很小时，实际上暗电流噪声是不能忽略的，此时噪声应为

$$\mathrm{SNR_{sys}} = \frac{S}{\sigma_{\mathrm{sys}}} = \frac{S}{\sqrt{\sigma_{\mathrm{dark}}^2 + \sigma_{\mathrm{read}}^2}} \qquad (5.22)$$

为了提高 CCD 图像传感器输出信号的信噪比，必须尽可能降低噪声，对于复位噪声和放大器噪声，可以采用相关双采样技术降低；暗电流噪声可以采用制冷技术降低；固定图形噪声可以采用预先测量后补偿的技术降低；响应非均匀性噪声也可以采用预先测量后补偿的技术降低；光子散粒噪声不能降低和补偿，它是提高信噪比的一个不可避免的噪声限制。

5.3　图像复原

CCD 图像在形成、传输和记录过程中受多种因素的影响，使得图像的质量下降，如模糊、失真、含噪声等，这种现象是图像退化。引起图像退化的原因主要有大气湍流效应、成像非线性、光学系统的像差、成像衍射、几何畸变、成像设备与物体之间的相对运动、系统噪声等。图像复原是利用退化现象的某种先验知识（即退化模型）对已经退化的图像加以重建，使得复原的图像尽量接近原始图像。

5.3.1　图像的退化

1. 图像退化概述

由于图像退化原因各异，目前没有统一的图像复原方法。典型的图像复原方法是根据图像退化的先验知识建立一个退化模型，以此模型为基础采用各种逆退化处理方法进行恢复，使图像质量得到改善。图像复原时只有退化图像，没有原始图像，或者说原始图像不可知，而退化的过程又是随机噪声污染的过程，因此图像复原实际是对原始图像的估计过程，目的是在某种准则下得到原始图像的最优估计。对图像退化过程的先验知识掌握的精度越高，图像复原效果越好。

图像复原的一般过程如图 5.4 所示。

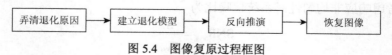

图 5.4　图像复原过程框图

已有的图像复原结果评价准则有最小均方准则、加权均方准则、最大熵准则等。

2. 图像退化的一般表达式

图像退化的时域一般模型如图 5.5（a）所示。其中，$f(x,y)$ 是真实景物的原始图像。$h(x,y)$ 代表图像退化过程，也称为成像系统的冲激响应或点扩展函数。$g(x,y)$ 是退化图像，即系统输出的模糊图像。$n(x,y)$ 是退化过程中引进的随机噪声，主要是加性噪声，如果是乘性噪声可以用对数转换方式转化为加性噪声。

图像退化的空间域一般表达式为

$$g(x,y) = h(x,y) * f(x,y) + n(x,y) \tag{5.23}$$

式中，∗表示空间域卷积，也可以表示为

$$g(x,y) = H[f(x,y)] + n(x,y) \tag{5.24}$$

式中，$H[f(x,y)]$ 是 $h(x,y)$ 的傅里叶变换，表示对输入图像 $f(x,y)$ 的退化算子。

图像退化的频域一般模型如图 5.5（b）所示。

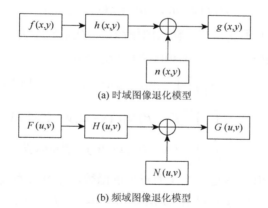

(a) 时域图像退化模型

(b) 频域图像退化模型

图 5.5　图像退化模型

由于空间域的卷积相当于频域的相乘，所以图像退化的频域一般表达式为

$$G(u,v) = H(u,v)F(u,v) + N(u,v) \tag{5.25}$$

式中，$G(u,v)$、$F(u,v)$、$N(u,v)$ 分别是 $g(x,y)$、$f(x,y)$、$n(x,y)$ 的傅里叶变换。

如果对退化图像拥有足够的先验知识，可以对退化图像建立数学模型并据此对退化图像拟合，且复原准确率较高。这一过程反映到滤波器的设计上就是寻找成像系统的脉冲响应，即寻找点扩展函数。

3. 连续图像的退化模型

一幅连续图像 $f(x,y)$ 可以看成由一些列点源组成，$f(x,y)$ 可以通过点源函数的卷积表示为

$$f(x,y) = \int_{-\infty}^{+\infty}\int_{-\infty}^{+\infty} f(\alpha,\beta)\delta(x-\alpha, y-\beta)\mathrm{d}\alpha\mathrm{d}\beta \qquad (5.26)$$

式中，δ 函数为点源函数，表示空间上的点脉冲。

在不考虑噪声的情况下，连续图像经过退化系统 H 后的输出为

$$g(x,y) = H[f(x,y)] \qquad (5.27)$$

将式（5.26）代入式（5.27）得

$$g(x,y) = H[f(x,y)] = H\left[\int_{-\infty}^{+\infty}\int_{-\infty}^{+\infty} f(\alpha,\beta)\delta(x-\alpha, y-\beta)\mathrm{d}\alpha\mathrm{d}\beta\right] \qquad (5.28)$$

在线性和空间不变系统的情况下，退化算子具有以下性质。

（1）线性。设 $f_1(x,y)$ 和 $f_2(x,y)$ 分别是两幅图像，k_1 和 k_2 为常数，则满足：

$$H[k_1 f_1(x,y) + k_2 f_2(x,y)] = k_1 H[f_1(x,y)] + k_2 H[f_2(x,y)] \qquad (5.29)$$

（2）空间不变性。若对于任意图像 $f(x,y)$ 和参数 a、b，存在：

$$H[f(x-a,y-b)] = g(x-a,y-b) \qquad (5.30)$$

可得，对于线性空间不变系统，输入图像经过退化后输出为

$$\begin{aligned}
g(x,y) &= H[f(x,y)] = H[f(x,y)*\delta(x,y)] \\
&= H\left[\int_{-\infty}^{+\infty}\int_{-\infty}^{+\infty} f(\alpha,\beta)\delta(x-\alpha, y-\beta)\mathrm{d}\alpha\mathrm{d}\beta\right] \\
&= \int_{-\infty}^{+\infty}\int_{-\infty}^{+\infty} f(\alpha,\beta)H[\delta(x-\alpha, y-\beta)]\mathrm{d}\alpha\mathrm{d}\beta \\
&= \int_{-\infty}^{+\infty}\int_{-\infty}^{+\infty} f(\alpha,\beta)h(x-\alpha, y-\beta)\mathrm{d}\alpha\mathrm{d}\beta
\end{aligned} \qquad (5.31)$$

式中，$h(x-\alpha, y-\beta)$ 为该退化系统的点扩展函数，也称为系统的冲激响应函数，它表示系统对坐标为 (α,β) 处的冲激函数 $\delta(x-\alpha, y-\beta)$ 的响应。只要系统对冲激函数的响应是已知的，就可以很清楚地知道图像是怎样退化的。此时，退化系统的输出就是输入图像信号 $f(x,y)$ 与点扩展函数 $h(x,y)$ 的卷积，即

$$g(x,y) = \int_{-\infty}^{+\infty}\int_{-\infty}^{+\infty} f(\alpha,\beta)h(x-\alpha, y-\beta)\mathrm{d}\alpha\mathrm{d}\beta = f(x,y)*h(x,y) \qquad (5.32)$$

图像复原就是通过退化数学模型在空间域已知 $g(x,y)$ 逆向求解 $f(x,y)$ 得到其估计值 $\hat{f}(x,y)$，或者在频域已知 $G(u,v)$ 逆向求 $F(u,v)$ 得到其估计值 $\hat{F}(u,v)$。寻找降质退化系统在空间域上的冲激响应函数 $h(x,y)$ 或者频域上的传递函数 $H(u,v)$ 是进行图像复原的关键问题。

4. 离散图像的退化模型

对离散图像的处理需要对数字图像 $f(x,y)$ 和点扩展函数 $h(x,y)$ 进行均匀采样，从而得到离散的退化模型。如果数字图像 $f(x,y)$ 和点扩展函数 $h(x,y)$ 的大小分别为 $A \times B$ 和 $C \times D$，通过添加零的方式将 $f(x,y)$ 和 $h(x,y)$ 拓展成大小为 $M \times N$ 的周期函数，即

$$f_e(x,y) = \begin{cases} f(x,y), & 0 \leqslant x \leqslant A-1 \text{ 且 } 0 \leqslant y \leqslant B-1 \\ 0, & A \leqslant x \leqslant M-1 \text{ 或 } B \leqslant y \leqslant N-1 \end{cases} \tag{5.33}$$

$$h_e(x,y) = \begin{cases} h(x,y), & 0 \leqslant x \leqslant C-1 \text{ 且 } 0 \leqslant y \leqslant D-1 \\ 0, & C \leqslant x \leqslant M-1 \text{ 或 } D \leqslant y \leqslant N-1 \end{cases} \tag{5.34}$$

将周期延拓的 $f_e(x,y)$ 和 $h_e(x,y)$ 作为二维周期函数处理，即在 x 和 y 方向上，周期分别是 M 和 N，于是可以得到离散的退化模型：

$$g_e(x,y) = \sum_{m=0}^{M-1} \sum_{n=0}^{N-1} f_e(x,y) h_e(x-m, y-n) + \eta_e(x,y) \tag{5.35}$$

式中，$x = 0,1,2,\cdots,M-1$；$y = 0,1,2,\cdots,N-1$。函数 $g_e(x,y)$ 为周期函数，其周期与 $f_e(x,y)$ 和 $h_e(x,y)$ 相同。函数 $\eta_e(x,y)$ 是一个大小为 $M \times N$ 的离散噪声。

用矩阵形式描述式（5.35）：

$$\boldsymbol{g} = \boldsymbol{H}\boldsymbol{f} + \boldsymbol{\eta} \tag{5.36}$$

式中，$\boldsymbol{f}$、$\boldsymbol{g}$ 和 $\boldsymbol{\eta}$ 表示 $MN \times 1$ 的列向量，分别是由 $M \times N$ 的矩阵 $f_e(x,y)$、$g_e(x,y)$ 和 $\eta_e(x,y)$ 的各行堆积而成，如下所示：

$$\boldsymbol{f} = \begin{bmatrix} f_e(0,0) \\ f_e(0,1) \\ f_e(0,2) \\ \vdots \\ f_e(0,N-1) \\ f_e(1,0) \\ f_e(1,1) \\ \vdots \\ f_e(M-1,N-1) \end{bmatrix}, \quad \boldsymbol{g} = \begin{bmatrix} g_e(0,0) \\ g_e(0,1) \\ g_e(0,2) \\ \vdots \\ g_e(0,N-1) \\ g_e(1,0) \\ g_e(1,1) \\ \vdots \\ g_e(M-1,N-1) \end{bmatrix}, \quad \boldsymbol{\eta} = \begin{bmatrix} \eta_e(0,0) \\ \eta_e(0,1) \\ \eta_e(0,2) \\ \vdots \\ \eta_e(0,N-1) \\ \eta_e(1,0) \\ \eta_e(1,1) \\ \vdots \\ \eta_e(M-1,N-1) \end{bmatrix}$$

$\boldsymbol{H}$ 为 $MN \times MN$ 维矩阵，是由大小为 $N \times N$ 的 M^2 部分组成，可表示为

$$H = \begin{bmatrix} H_0 & H_{M-1} & H_{M-2} & \cdots & H_1 \\ H_1 & H_0 & H_{M-1} & \cdots & H_2 \\ H_2 & H_1 & H_0 & \cdots & H_3 \\ \vdots & \vdots & \vdots & & \vdots \\ H_{M-1} & H_{M-2} & H_{M-3} & \cdots & H_0 \end{bmatrix}$$

H_i 是由周期延拓图像 $h_e(x,y)$ 的第 i 行按如下方式构成:

$$H_i = \begin{bmatrix} h_e(i,0) & h_e(i,N-1) & \cdots & h_e(i,1) \\ h_e(i,1) & h_e(i,0) & \cdots & h_e(i,2) \\ \vdots & \vdots & & \vdots \\ h_e(i,N-1) & h_e(i,N-2) & \cdots & h_e(i,0) \end{bmatrix}$$

H_i 是一个循环矩阵,H 的各个分块的下标均按照循环方向标注,H 常被称为分块循环矩阵。直接用 H 来进行求解将是一个运算量庞大的工作,因此,需要利用 H 的特殊性进行简化运算,或者在频域利用快速算法来求解。

5. 常见的退化函数模型

在图像恢复过程中,一般需要用到退化函数 $h(m,n)$,因此,在图像恢复前需要对退化函数进行辨识。由于图像退化是一个物理过程,因此多数情况下退化函数都可以从物理知识和图像观测中辨识处理。常见的退化函数只有有限的几种,这使得辨识退化函数的问题得以简化。在辨识退化函数时,以下的先验知识是可以利用的。

(1) $h(m,n)$ 具有确定性且非负。

(2) $h(m,n)$ 具有有限支持域。

(3) 退化过程并不损失图像的能量,即 $\sum_m \sum_m h(m,n) = 1$。

在实际问题中还有一些先验知识可以利用,例如,在某些具体条件下,$h(m,n)$ 具有对称性。以下介绍几种常见的退化函数特性。

1) 线性运动退化函数

线性运动退化函数是由目标与成像系统之间的相对匀速直线运动造成的退化,水平方向的线性运动可以用以下的退化函数来表示:

$$h(m,n) = \begin{cases} \dfrac{1}{d}, & 0 \leqslant m \leqslant d \text{ 且 } n = 0 \\ 0, & \text{其他} \end{cases} \tag{5.37}$$

式中,d 为退化函数的长度。对于线性移动的其他方向的情况,可用类似的方法进行定义。

2）散焦退化函数

根据几何光学的原理，光学系统散焦造成的图像的退化对应的点扩展函数应该是一个均匀分布的圆形光斑，其退化函数表示为

$$H(u,v) = \begin{cases} \dfrac{1}{\pi R^2}, & u^2 + v^2 \leqslant R^2 \\ 0, & \text{其他} \end{cases} \tag{5.38}$$

式中，R 为散焦斑的半径。在信噪比较高的情况下，在频域图上可以观察到圆形的轨迹。

3）高斯退化函数

高斯退化函数是许多光学测量系统和成像系统最常见的退化函数。在这些系统中，由于影响系统点扩展函数的因素较多，其综合结果使得最终的点扩展函数趋于高斯型，其退化函数可以表示为

$$h(m,n) = \begin{cases} K\exp[-\alpha(m^2 + n^2)], & (m,n) \in C \\ 0, & \text{其他} \end{cases} \tag{5.39}$$

式中，K 为归一化常数；α 为一个正常数；C 为 $h(m,n)$ 的圆形支持域。由高斯退化函数的表达式可以看出，二维高斯函数能够分解成两个一维高斯函数的乘积，这一性质在图像恢复中的很多地方得到了运用。

6. 退化函数的辨识

在图像复原中有三种方法可以用来对退化函数进行辨识，分别是图像观察法、实验估计法和数学建模法。

1）图像观察法

如果已知退化图像，那么辨识其退化函数的一个方法就是从收集图像自身的信息着手。例如，对于一幅模糊图像，应首先提取包含简单结构的一小部分图像，为减少观察时噪声的影响，通常选取信号较强的内容区，然后根据这部分的图像中目标和背景的灰度级，构建一幅不模糊的图像，该图像与观察到的子图像应具有相同的大小和特性。于是定义 $g_s(m,n)$ 为观察到的子图像，$\hat{f}_s(m,n)$ 为构建的子图像。同时，假设噪声可以忽略，则有

$$H_s(u,v) = \frac{G_s(u,v)}{\hat{F}_s(u,v)} \tag{5.40}$$

假定系统位移不变，从这一函数特性可以推出针对整幅图像的 $H(u,v)$，它必然是与 $H_s(u,v)$ 具有相同的形状。

2）实验估计法

可以使用与获取退化图像的设备相似的设备，那么利用相同的系统设置，就可以由成像一个脉冲（小亮点）得到退化函数的冲激响应。需要注意的是，这个

小亮点必须尽可能亮，以达到减少噪声干扰的目的，由于冲激响应的傅里叶变换是一个常量，则有

$$H(u,v) = \frac{G(u,v)}{A} \tag{5.41}$$

式中，$G(u,v)$ 为观察图像的傅里叶变换；A 为常量，表示冲激响应。

3）数学建模法

在图像退化的研究中，已经对一些退化环境建立了数学模型。例如，利用物理环境建立的基于大气湍流物理特性的退化模型：

$$H(u,v) = e^{-k(u^2+v^2)^{5/6}} \tag{5.42}$$

式中，k 为常数，与湍流的性质有关。

数学建模法也可以根据退化原理进行推导来获得退化模型。以图像与传感器之间的匀速线性运动造成的退化为例，假设图像 $f(x,y)$ 进行平面运动，$x_0(t)$ 和 $y_0(t)$ 分别表示 x 和 y 方向上随时间变化的运动参数。设 T 为曝光时间，则模糊图像 $g(x,y)$ 可以表示为 $g(x,y) = \int_0^T f[x-x_0(t), y-y_0(t)]\mathrm{d}t$，对应的傅里叶变换为

$$\begin{aligned}
G(u,v) &= \int_{-\infty}^{+\infty}\int_{-\infty}^{+\infty} g(x,y)e^{-j2\pi(ux+vy)}\mathrm{d}x\mathrm{d}y \\
&= \int_{-\infty}^{+\infty}\int_{-\infty}^{+\infty}[\int_0^T f[x-x_0(t),y-y_0(t)]\mathrm{d}t]e^{-j2\pi(ux+vy)}\mathrm{d}x\mathrm{d}y \\
&= \int_0^T[\int_{-\infty}^{+\infty}\int_{-\infty}^{+\infty} f[x-x_0(t),y-y_0(t)]e^{-j2\pi(ux+vy)}\mathrm{d}x\mathrm{d}y]\mathrm{d}t \tag{5.43}\\
&= \int_0^T F(u,v)e^{-j2\pi[ux_0(t)+vy_0(t)]}\mathrm{d}t \\
&= F(u,v)\int_0^T e^{-j2\pi[ux_0(t)+vy_0(t)]}\mathrm{d}t
\end{aligned}$$

令 $H(u,v) = \int_0^T e^{-j2\pi[ux_0(t)+vy_0(t)]}\mathrm{d}t$，则

$$G(u,v) = H(u,v)F(u,v) \tag{5.44}$$

假设图像沿着 x 方向以 $x_0(t) = at/T$ 的速度做匀速直线运动，a 为常数，$y_0(t) = 0$，则有

$$\begin{aligned}
H(u,v) &= \int_0^T e^{-j2\pi[ux_0(t)+vy_0(t)]}\mathrm{d}t \\
&= \int_0^T e^{-j2\pi ux_0(t)}\mathrm{d}t \\
&= \int_0^T e^{-j2\pi uat/T}\mathrm{d}t \tag{5.45}\\
&= \frac{T}{\pi ua}\sin(\pi ua)e^{-j\pi ua}
\end{aligned}$$

同理，在二维方向上的匀速直线运动的退化函数也可以表示出来，假设 $y_0(t) = bt/T$，b 为常数，则

$$H(u,v) = \frac{T}{\pi(ua+vb)} \sin[\pi(ua+vb)] \mathrm{e}^{-\mathrm{j}\pi(ua+vb)} \tag{5.46}$$

5.3.2　常见噪声及其概率密度函数

图像噪声分量灰度的统计特性是用概率密度函数来表示的。常见的噪声如下。

1. 高斯噪声

高斯噪声也称正态噪声，在空间和频域上有易处理性，高斯噪声模型经常被用于实践中。它的概率密度函数为

$$p(z) = \frac{1}{\sqrt{2\pi}\sigma} \mathrm{e}^{-(z-\mu)^2/2\sigma^2} \tag{5.47}$$

式中，z 表示灰度值；μ 表示 z 的平均值或期望值；σ 表示 z 的标准差；σ^2 表示 z 的方差。当 z 服从式（5.47）的分布时，其值有 70%在 $[(\mu-\sigma),(\mu+\sigma)]$，有 95% 落在 $[(\mu-2\sigma),(\mu+2\sigma)]$。当 $\mu=4$，$\sigma=1$ 时，高斯噪声概率密度曲线如图 5.6 所示。其中峰值点坐标为：$z=\mu$，$p(z)=\sqrt{\dfrac{1}{2\pi}\sigma}$。

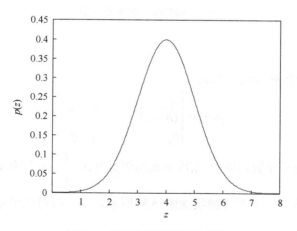

图 5.6　高斯噪声概率密度曲线

2. 瑞利噪声

瑞利噪声的概率密度函数为

$$p(z) = \begin{cases} \dfrac{2}{b}(z-a)\mathrm{e}^{-(z-a)^2/b}, & z \geqslant a \\ 0, & z < a \end{cases} \tag{5.48}$$

概率密度函数的期望为 $\mu = a + \sqrt{\dfrac{\pi b}{4}}$ ，方差为 $\sigma^2 = \dfrac{b(4-\pi)}{4}$ 。

$a = 3$ ， $b = 1$ 时的瑞利噪声概率密度曲线如图 5.7 所示。其中峰值点坐标为： $z = a + \sqrt{\dfrac{b}{2}}$ ， $p(z) = 0.607\sqrt{\dfrac{2}{b}}$ 。

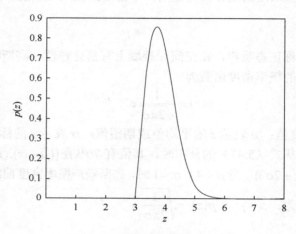

图 5.7　瑞利噪声概率密度曲线

3. 伽马噪声

伽马噪声的概率密度函数为

$$p(z) = \begin{cases} \dfrac{a^b z^{b-1}}{(b-1)!}\mathrm{e}^{-az}, & z \geqslant 0 \\ 0, & z < 0 \end{cases} \tag{5.49}$$

式中， $a > 0$ ； b 是正整数。其概率密度函数的期望为 $\mu = \dfrac{b}{a}$ ，方差为 $\sigma^2 = \dfrac{b}{a^2}$ 。当 $a = 1$ ， $b = 2$ 时，伽马噪声概率密度曲线如图 5.8 所示。其中峰值点坐标为： $z = \dfrac{b-1}{a}$ ， $p(z) = \dfrac{a(b-1)^{b-1}}{(b-1)!}\mathrm{e}^{-(b-1)}$ 。

4. 指数分布噪声

指数分布噪声的概率密度函数为

$$p(z) = \begin{cases} a\mathrm{e}^{-az}, & z \geqslant 0 \\ 0, & z < 0 \end{cases} \tag{5.50}$$

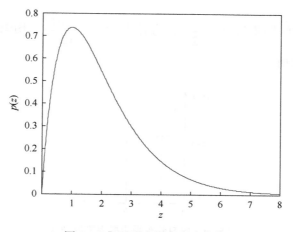

图 5.8　伽马噪声概率密度曲线

式中，$a > 0$。其概率密度函数的期望为 $\mu = \dfrac{b}{a}$，方差为 $\sigma^2 = \dfrac{1}{a^2}$。当 $a = 1.5$ 时，指数分布噪声概率密度曲线如图 5.9 所示。

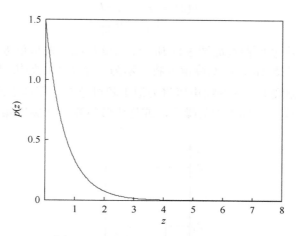

图 5.9　指数分布噪声概率密度曲线

5. 均匀分布噪声

均匀分布噪声的概率密度函数为

$$p(z) = \begin{cases} \dfrac{1}{b-a}, & a \leqslant z \leqslant b \\ 0, & \text{其他} \end{cases} \tag{5.51}$$

其概率密度函数的期望为 $\mu = \dfrac{a+b}{2}$，方差为 $\sigma^2 = \dfrac{(b-a)^2}{12}$。均匀分布噪声概率密度曲线如图 5.10 所示。

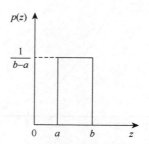

图 5.10　均匀分布噪声概率密度曲线

6. 椒盐噪声（脉冲噪声）

椒盐噪声的概率密度函数为

$$p(z) = \begin{cases} P_a, & z = a \\ P_b, & z = b \\ 0, & \text{其他} \end{cases} \tag{5.52}$$

椒盐噪声概率密度曲线如图 5.11 所示。如果 $b > a$，灰度值 b 在图像中将显示为一个亮点，如果 $b < a$，则灰度值 b 将显示为一个暗点。如果 P_a 或 P_b 均不为零，尤其是它们近似相等时，脉冲噪声值将类似于随机分布在图像上的胡椒盐粉微粒，因此，双极脉冲噪声也称为椒盐噪声，或称为散粒噪声和尖峰噪声。

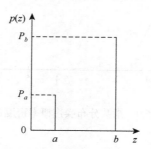

图 5.11　椒盐噪声概率密度曲线

噪声的脉冲是可正可负的，因为脉冲干扰通常比图像信号的强度大，所以在一幅图像中，脉冲噪声总是数字化为最大值（纯黑或者纯白）。这样通常假设 a、b 是饱和值，负脉冲以一个黑点出现在图像中，正脉冲以一个白点出现在图像中，对于一个 8 位图像，这意味着 $a = 0$ 表示黑色，$b = 255$ 表示白色。

5.3.3　图像复原方法

典型的图像复原方法有逆滤波、维纳滤波、Lucy-Richardson 滤波、约束最小二乘方滤波、基于小波变换的滤波等[12]。

1. 逆滤波

逆滤波也称反向滤波，20 世纪 60 年代中期被广泛应用于数字图像处理领域。假设 $f(x,y)$ 是真实景物的原始图像，$g(x,y)$ 是退化图像，即系统输出的模糊图像，$h(x,y)$ 是点扩展函数，$n(x,y)$ 是噪声。$F(u,v)$、$G(u,v)$、$H(u,v)$ 和 $N(u,v)$ 分别是它们的傅里叶变换。退化模型可以用式（5.53）表示：

$$G(u,v) = F(u,v) \cdot H(u,v) + N(u,v) \tag{5.53}$$

由式（5.53）得

$$F(u,v) = \frac{G(u,v)}{H(u,v)} - \frac{N(u,v)}{H(u,v)} \tag{5.54}$$

如果噪声 $N(u,v)$ 为零或者忽略噪声，那么

$$F(u,v) = \frac{G(u,v)}{H(u,v)} \tag{5.55}$$

$$f(x,y) = F^{-1}[F(u,v)] = F^{-1}\left[\frac{G(u,v)}{H(u,v)}\right] \tag{5.56}$$

通过式（5.55）可以知道，通过退化图像的傅里叶变换和系统函数即点扩展函数的傅里叶变换可以求得原始图像的傅里叶变换，再通过式（5.56）计算出傅里叶反变换即可得到原始图像 $f(x,y)$。这就是逆滤波的原理。其中，$G(u,v)$、$H(u,v)$ 起到反向滤波的作用。

在噪声不为零或者不可忽略的情况下，逆滤波模型如下：

$$f(x,y) = F^{-1}[F(u,v)] = F^{-1}\left[\frac{G(u,v)}{H(u,v)} - \frac{N(u,v)}{H(u,v)}\right] \tag{5.57}$$

逆滤波存在的问题是，在 u、v 平面上某些点处 $H(u,v)$ 等于零或者值很小，对于噪声为零的情况，$F(u,v)$ 在这些点附近变化剧烈不能精确复原出原始图像，对于有噪声的情况，由于噪声和系统函数的比值过大，所以放大噪声项使得按照式（5.56）无法正确复原出原始图像，这就是逆滤波的病态效应，即利用逆滤波对模糊图像进行滤波得到的图像存在灰度变化较大的不均匀区域。另外，$H(u,v)$ 的幅度随着 u、v 平面距原点距离的增加而迅速下降，而噪声 $N(u,v)$ 的变化比较平缓，因此，利用逆滤波时，距离 u、v 平面原点越远，噪声项越被放大而越无法复原出原图像。换句话说，逆滤波仅在原点邻域内有效。

实际操作时，逆滤波按图 5.12 实现。

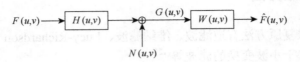

$$\text{图 5.12　逆滤波框图}$$

由框图得出：

$$
\begin{aligned}
\hat{F}(u,v) &= [F(u,v)\cdot H(u,v) + N(u,v)]\cdot W(u,v) \\
&= F(u,v)\cdot[H(u,v)\cdot W(u,v)] + N(u,v)\cdot W(u,v)
\end{aligned}
\tag{5.58}
$$

式中，$\hat{F}(u,v)$ 是 $\hat{f}(x,y)$ 的傅里叶变换，$\hat{f}(x,y)$ 是 $f(x,y)$ 的估计值；$H(u,v)$ 称为输入传递函数；$W(u,v)$ 称为处理传递函数；$H(u,v)\cdot W(u,v)$ 称为输出传递函数。$W(u,v)$ 定义如下，且 ϖ_0 的取值应使得 $H(u,v)$ 的零点排除在此邻域外。

$$
W(u,v) =
\begin{cases}
\dfrac{1}{H(u,v)}, & u^2 + v^2 \leqslant \varpi_0^2 \\[2mm]
1, & u^2 + v^2 > \varpi_0^2
\end{cases}
\tag{5.59}
$$

实验证明，当降质图像的信噪比较高时（如信噪比为 1000 或更高且只有轻度变质时），逆滤波复原方法可以获得较好的效果，而像移模糊的点扩展函数由于存在等间隔的零点，所以用逆滤波复原的效果不太理想。

2. 维纳滤波

维纳滤波也称最小二乘滤波，假设图像信号和噪声信号处理过程都属于平稳随机过程，且噪声的均值为零，噪声和图像不相关。它是平稳随机过程的最佳滤波理论，换句话说，就是在滤波过程中系统的状态参数（或信号的波形参数）是稳定不变的，它将所有时刻的采样数据用来计算互相关矩阵，涉及解维纳-霍夫方程。维纳滤波复原方法是一种有约束的复原，它是使原始图像 $f(x,y)$ 与复原图像 $\hat{f}(x,y)$ 之间的均方误差（mean square error，MSE）最小的复原方法，即满足式（5.60）的均方误差值最小：

$$
e^2 = \left\{ [f(x,y) - \hat{f}(x,y)]^2 \right\}
\tag{5.60}
$$

$\hat{f}(x,y)$ 就称为给定 $g(x,y)$ 时 $f(x,y)$ 的最小二乘估计。

Wiener 在 1942 年首次提出满足均方误差最小条件下复原图像的傅里叶变换如式（5.61）：

$$\hat{F}(u,v) = \left[\frac{H^*(u,v)S_f(u,v)}{|H(u,v)|^2 S_f(u,v) + S_n(u,v)} \right] G(u,v)$$

$$= \left[\frac{H^*(u,v)}{|H(u,v)|^2 + S_n(u,v)/S_f(u,v)} \right] G(u,v) \qquad (5.61)$$

$$= \left[\frac{1}{H(u,v)} \cdot \frac{|H(u,v)|^2}{|H(u,v)|^2 + S_n(u,v)/S_f(u,v)} \right] G(u,v)$$

式中，$H^*(u,v)$ 是 $H(u,v)$ 的共轭；$S_f(u,v)$ 和 $S_n(u,v)$ 分别是原始图像 $f(x,y)$ 和噪声 $n(x,y)$ 的功率谱或谱密度，即

$$S_f(u,v) = |F(u,v)|^2 = R^2[F(u,v)] + I^2[F(u,v)] \qquad (5.62)$$

$$S_n(u,v) = |N(u,v)|^2 = R^2[N(u,v)] + I^2[N(u,v)] \qquad (5.63)$$

$R[F(u,v)]$、$I[F(u,v)]$ 和 $R[N(u,v)]$、$I[N(u,v)]$ 分别指原始图像和噪声的傅里叶变换的实部和虚部。

定义式（5.61）中括号内的项为处理传递函数 $W(u,v)$，即

$$W(u,v) = \frac{1}{H(u,v)} \cdot \frac{|H(u,v)|^2}{|H(u,v)|^2 + S_n(u,v)/S_f(u,v)} \qquad (5.64)$$

$W(u,v)$ 构成的滤波器通常称最小均方误差滤波器或最小二乘误差滤波器。从式（5.64）中可以看出，维纳滤波器没有逆滤波中退化函数为零的问题，除非对于相同的 u、v 值 $H(u,v)$ 和 $S_n(u,v)$ 同时都是零。

当式（5.61）中噪声项 $S_n(u,v) = 0$ 时，维纳滤波器退化为逆滤波器。

当噪声是白噪声时，$S_n(u,v)$ 是常数，通常原始图像的统计性质不知道，即 $S_f(u,v)$ 很少已知，但经常用式（5.65）近似表示维纳滤波器：

$$W(u,v) = \frac{1}{H(u,v)} \cdot \frac{|H(u,v)|^2}{|H(u,v)|^2 + \Gamma} \qquad (5.65)$$

式中，Γ 是一个远小于 1 的常数，通常根据复原图像的视觉效果来最终确定 Γ 值的大小。

维纳滤波的复原图像可以用式（5.66）表示：

$$\hat{F}(u,v) = \left[\frac{1}{H(u,v)} \cdot \frac{|H(u,v)|^2}{|H(u,v)|^2 + \Gamma} \right] G(u,v) \qquad (5.66)$$

维纳滤波还是一种在有噪声情况下复原模糊图像的较好方法，它在大多数实际情况下都可以得到较满意的结果，但是当信噪比很低时，复原结果同样不能令人满意。维纳滤波在实际应用中的局限性表现在：不适用于非平稳随机过程的滤

波；要用到所有时刻的采样数据，需要的数据存储容量大；解维纳-霍夫方程时要用到矩阵的求逆运算，计算量大（因为互相关矩阵的阶数很大），而且实际数据下的维纳-霍夫方程可能无解。

为了克服维纳滤波的一系列局限性，产生了卡尔曼滤波，它不仅适用于平稳随机过程，也适用于非平稳随机过程。它将系统的状态迁移用状态方程来表述，并用固定维数的矩阵运算递推式代替了维纳滤波的解维数巨大的线性方程组，获得了成功应用，被称为 20 世纪 40 年代统计信号处理的最大成果。但是，卡尔曼滤波的关键是建立准确的系统模型（包括状态方程和观测方程），这在某些实际工程应用中很难实现。

3. Lucy-Richardson 滤波

Lucy-Richardson 滤波是目前应用比较广泛的图像复原技术之一，它采用迭代的方法实现。Lucy-Richardson 滤波能够按照泊松噪声统计标准求出与给定的点扩展函数（即成像系统的脉冲响应）卷积后最有可能成为输入模糊图像的图像。当点扩展函数已知而图像的噪声信息未知时，也可以采用 Lucy-Richardson 滤波进行复原操作。从成像方程和泊松统计可以有如下的推导：

$$I(i) = \sum_j P(i/j)O(j) \tag{5.67}$$

式中，O 是原始图像；$P(i/j)$ 是点扩展函数；I 是无噪声模糊图像。在已知 $I(i)$ 时，每个图像像素点的估计 $D(i)$ 的联合似然度函数为

$$\ln \Pi = \sum_i [D(i)\ln I(i) - I(i) - \ln D(i)] \tag{5.68}$$

当满足式（5.68）时，其最大似然度函数的解存在，为

$$\frac{\partial \ln \Pi}{\partial O(j)} = \sum_i \left[\frac{D(i)}{I(i)} - 1 \right] P(i/j) = 0 \tag{5.69}$$

此时可以得到 Lucy-Richardson 迭代式，即

$$O_{\text{new}}(j) = O(j) \frac{\sum_i P(i/j)D(i)I(i)}{\sum_i P(i/j)} \tag{5.70}$$

可以看出，每次迭代都可以提高解的似然性，随着迭代次数的增加，最终将会收敛在具有最大似然性的解处。

4. 约束最小二乘方滤波

尽管维纳滤波可以获得比逆滤波更好的效果，但是也存在如下的问题。

（1）维纳滤波需要知道未退化的图像和噪声的功率谱，而未退化图像与噪声

的功率一般都不知道。此时可以使用 $E\{[\hat{f}(x,y)-f(x,y)]^2\}=\min$ 来近似，但是功率谱比的常数估计一般还是没有合适的解。

（2）维纳滤波建立在最小化统计准则的基础上，它所得到的结果只是平均意义上的最优。

而约束最小二乘方滤波可以在一定程度上解决维纳滤波的上述问题。第一，约束最小二乘方滤波只要求噪声方差和均值，而这些参数经常能够从一幅给定的退化图像计算出来；第二，约束最小二乘方滤波对于所处理的每幅图像都能产生最优的结果。

在不同的应用领域，对 $\hat{f}$ 会有不同的约束条件，使处理得到的图像满足某种条件。在这种情况下，求解方程 $L(\hat{f}=\|\boldsymbol{g}-\boldsymbol{H}\hat{f}\|$ 就需要使用拉格朗日乘数法，令 $\boldsymbol{Q}$ 为 $\boldsymbol{f}$ 的约束算子，寻找一个最优估计 $\hat{f}$，即求解最小化 $L(\hat{f})=\left\|\boldsymbol{Q}\hat{f}\right\|^2+\lambda\left(\left\|\boldsymbol{g}-\boldsymbol{H}\hat{f}\right\|^2-\left\|\boldsymbol{n}\right\|^2\right)$ 的 $\hat{f}$，得

$$\hat{f}=\left(\boldsymbol{H}^{\mathrm{T}}\boldsymbol{H}+\frac{1}{\lambda}\boldsymbol{Q}^{\mathrm{T}}\boldsymbol{Q}\right)^{-1}\boldsymbol{H}^{\mathrm{T}}\boldsymbol{g} \qquad (5.71)$$

以上的方法一般称为有约束复原。

约束最小二乘方滤波就是从式（5.71）出发，即需要确定变换矩阵 $\boldsymbol{Q}$。实际上，式（5.71）是一个病态方程，其解有时会发生严重的振荡。一种减少振荡的方法是建立基于平滑测度的最优准则，例如，可最小化某些二阶微分的函数。$f(x,y)$ 在 (x,y) 处的二阶微分可用式（5.72）近似表示。

$$\frac{\partial^2 f}{\partial x^2}+\frac{\partial^2 f}{\partial y^2}\approx 4f(x,y)-[f(x+1,y)+f(x-1,y)+f(x,y+1)+f(x,y-1)] \qquad (5.72)$$

上述二阶微分方程可用 $f(x,y)$ 与下面的算子卷积得到：

$$\boldsymbol{p}(x,y)=\begin{bmatrix} 0 & -1 & 0 \\ -1 & 4 & -1 \\ 0 & -1 & 0 \end{bmatrix}$$

有一种基于这种二阶微分的最优准则是

$$\min\left[\frac{\partial^2 f}{\partial x^2}+\frac{\partial^2 f}{\partial y^2}\right]^2 \qquad (5.73)$$

为了避免在离散卷积的过程中产生交叠误差，将大小为 3×3 的矩阵 $\boldsymbol{p}(x,y)$ 延拓为大小为 $M\times N$ 的矩阵 $\boldsymbol{p}_{\mathrm{e}}(x,y)$，再进行卷积计算。

$$\boldsymbol{p}_{\mathrm{e}}(x,y)=\begin{cases} \boldsymbol{p}(x,y), & 0\leqslant x\leqslant 2 \text{ 且 } 0\leqslant y\leqslant 2 \\ 0, & 3\leqslant x\leqslant M-1 \text{ 且 } 3\leqslant y\leqslant N-1 \end{cases} \qquad (5.74)$$

如果矩阵 $f(x,y)$ 的大小是 $A \times B$ ，则延拓后矩阵 $p_e(x,y)$ 的大小应满足：$M \geqslant A+3-1$ ， $N \geqslant B+3-1$ 。上述平滑准则也可以用矩阵形式表示。首先构造一个分块循环矩阵：

$$C = \begin{bmatrix} C_0 & C_{M-1} & \cdots & C_1 \\ C_1 & C_0 & \cdots & C_2 \\ \vdots & \vdots & & \vdots \\ C_{M-1} & C_{M-2} & \cdots & C_0 \end{bmatrix} \qquad (5.75)$$

其中每个子矩阵是由第 j 列的 $p_e(x,y)$ 构成的 $N \times N$ 循环矩阵：

$$C_j = \begin{bmatrix} p_e(j,0) & p_e(j,N-1) & \cdots & p_e(j,1) \\ p_e(j,1) & p_e(j,0) & \cdots & p_e(j,2) \\ \vdots & \vdots & & \vdots \\ p_e(j,N-1) & p_e(j,N-2) & \cdots & p_e(j,0) \end{bmatrix} \qquad (5.76)$$

前述离散图像的退化模型内容中介绍了 M 阶循环矩阵 H ， H 的本征向量和本征值分别为

$$w(k) = \left(1 \quad \exp\left(j\frac{2\pi}{M}k \right) \quad \cdots \quad \exp\left[j\frac{2\pi}{M}(M-1)k \right] \right)^{\mathrm{T}} \qquad (5.77)$$

$$\lambda(k) = h_e(0) + h_e(M-1)\exp\left(j\frac{2\pi}{M}k \right) + \cdots + h_e(1)\exp\left[j\frac{2\pi}{M}(M-1)k \right] \qquad (5.78)$$

将 H 的 M 个本征向量组成 $M \times M$ 的矩阵 W ：

$$W = \begin{bmatrix} w(0) & w(1) & \cdots & w(M-1) \end{bmatrix} \qquad (5.79)$$

此处 W 的正交性保证了 W 逆矩阵存在，而 W^{-1} 的存在保证了 W 的列（即本征向量）是线性独立的。于是将 H 写为

$$H = WDW^{-1} \qquad (5.80)$$

式中， D 为对角矩阵，其元素是 H 的本征值，即 $D(k,k) = \lambda(k)$ 。

将式（5.74）的 C 利用式（5.79）的矩阵 W 进行对角化，即 $E = W^{-1}CW$ ，其中 E 是一个对角矩阵，其元素为

$$E(k,i) = \begin{cases} p\left[\left(\dfrac{k}{N} \right), k \bmod N \right], & i = k \\ 0, & i \neq k \end{cases} \qquad (5.81)$$

这里的 $p\left[\left(\dfrac{k}{N} \right), k \bmod N \right]$ 是 $p_e(x,y)$ 的二维傅里叶变换。

如果满足如下约束条件：

$$\left\| g - H\hat{f} \right\|^2 = \|n\|^2 \tag{5.82}$$

那么最优可表示为

$$\hat{f} = (H^\mathrm{T}H + sC^\mathrm{T}C^{-1})^{-1}H^\mathrm{T}g = (WD^*DW^{-1} + sWE^*EW^{-1})^{-1}WD^*W^{-1}g \tag{5.83}$$

式（5.83）左右两边同时左乘 W^{-1}，得

$$W^{-1}\hat{f} = (D^*DW^{-1} + sE^*E)^{-1}D^*W^{-1}g \tag{5.84}$$

式（5.84）中的元素可以写为

$$\hat{F}(u,v) = \left[\frac{H^*(u,v)}{|H(u,v)|^2 + s|P(u,v)|^2} \right] G(u,v) \tag{5.85}$$

式中，s 是可调参数，调节 s 值以满足式（5.82），此时式（5.85）才能达到最优。为此，定义一个残差向量 r：

$$r = g - H\hat{f} \tag{5.86}$$

由式（5.85）的解可知，$\hat{F}(u,v)$（即隐含的 $\hat{f}$）是 s 的函数，所以 r 也是参数 s 的函数，有

$$\varphi(s) = r^\mathrm{T}r = \|r\|^2 \tag{5.87}$$

它是 s 的单调递增函数，现在需要调整 s，使得

$$\|r\|^2 = \|n\|^2 \pm a \tag{5.88}$$

式中，a 是一个准确度系数，如果 $a = 0$，那么就严格满足式（5.82）的约束。

因为 $\varphi(s)$ 是单调的，寻找满足要求的 s 并不难。寻找满足式（5.88）的 s 值的一个简单算法如下：

（1）指定初始 s 值。

（2）计算 $\hat{f}$ 和 $\|r\|^2$。

（3）如果公式满足，则停止，如果 $\|r\|^2 < \|n\|^2 - a$，则增加 s，如果 $\|r\|^2 > \|n\|^2 + a$，则减少 s，然后转到第（2）步。

为了使用这一算法，需要量化 $\|r\|^2$ 和 $\|n\|^2$ 的值。计算 r 时，从式（5.86）得

$$R(u,v) = G(u,v) - H(u,v)\hat{F}(u,v) \tag{5.89}$$

由此，可以通过计算 $R(u,v)$ 的傅里叶逆变换得到 $r(x,y)$，有

$$\|r\|^2 = \sum_{x=0}^{M-1}\sum_{y=0}^{N-1} r^2(x,y) \tag{5.90}$$

要计算 $\|n\|^2$，首先可对整幅图像上的噪声方差使用取样平均的方法估计，即

$$\sigma_\mathrm{n}^2 = \frac{1}{MN}\sum_{x=0}^{M-1}\sum_{y=0}^{N-1} [n(x,y) - m_\mathrm{n}]^2 \tag{5.91}$$

式中，m_n 是样本的均值。

$$m_n = \frac{1}{MN} \sum_{x=0}^{M-1} \sum_{y=0}^{N-1} n(x,y) \tag{5.92}$$

参考式（5.90）有

$$\|n\|^2 = \sum_{x=0}^{M-1} \sum_{y=0}^{N-1} n^2(x,y) = MN[\sigma_n^2 + m_n^2] \tag{5.93}$$

这是非常有用的结果，它表示可以仅仅用噪声的均值和方差的知识，执行最佳复原算法。这就是约束最小二乘方滤波与维纳滤波的主要区别。

5. 基于小波变换的滤波

小波变换（wavelet transform，WT）是 20 世纪 80 年代后期在傅里叶分析的基础上发展起来的研究时域和频域信号变换的有效方法，适用于时变信号的频谱分析，能够显示信号频率随时间变化的特性[13]。小波变换离散化与快速傅里叶变换相对应的快速小波算法——Mallat 算法，极大地提高了小波运算速度。同时期美国的 Daubechies 构建了具有紧支撑的正交小波基，坚实了小波变换理论的数学基础[14]。

小波变换是将信号表示成基函数的线性组合。小波变换的基函数是具有紧支集的母函数 $\Psi(t)$，通过对母函数 $\Psi(t)$ 进行伸缩和平移使小波变换具有很好的时、频局部化特性，分辨率可随频率变化而变化，具有多分辨率分析和"数学显微镜"特性，在信号的高频部分可以取得较好的时间分辨率，在信号的低频部分可以取得较好的频率分辨率。

$x(t)$ 为平方可积函数，且 $x(t) \in L^2(R)$，其中，$L^2(R)$ 表示在实直线 R 上的可测函数空间，$\Psi(t)$ 是一个有足够阶导数（光滑性）的带通函数，则下述积分变换：

$$\mathrm{WT}_x(a,\tau) \leqslant \langle x(t), \Psi_{a\tau}(t) \rangle = \frac{1}{\sqrt{a}} \int x(t) \Psi^* \left(\frac{t-\tau}{a} \right) \mathrm{d}t \tag{5.94}$$

被称为小波变换，或者称为连续小波变换。$a > 0$ 被称为尺度因子，τ 反映小波函数在变换中的位移。

连续小波变换的频率域表达式为

$$\mathrm{WT}_x(a,\tau) = \frac{\sqrt{a}}{2\pi} \int X(\Omega) \Psi^*(a\Omega) \mathrm{e}^{\mathrm{j}\Omega\tau} \mathrm{d}\Omega \tag{5.95}$$

在图像处理领域主要应用离散小波变换，即对连续小波变换在尺度、位移上均进行离散化。通常对尺度按照幂级数作离散化，令 a 取 $a_0^0, a_0^1, \cdots, a_0^j$，对位移在某一个 j 值下沿 τ 轴以 $a_0^j \tau_0$ 为间隔均匀采样，那么离散小波变换为

$$\mathrm{WT}_x(a_0^j, k\tau_0) \leqslant \langle x(t), \Psi_{a_0^j, k\tau_0}(t) \rangle$$

$$= \int x(t) \Psi_{a_0^j, k\tau_0}^*(t) \mathrm{d}t \qquad (5.96)$$

$$= a_0^{-\frac{j}{2}} \int x(t) \Psi^*(a_0^{-j}t - k\tau_0) \mathrm{d}t, \quad j = 0,1,2,\cdots, k \in \mathbf{Z}$$

实际应用中通常取 $a_0 = 2, \tau_0 = 1$，此时离散小波变换可以写出如下公式：

$$\mathrm{WT}_x(j, k) \leqslant \langle x(t), \Psi_{j,k}^*(t) \rangle$$

$$= \int x(t) \Psi_{j,k}^*(t) \mathrm{d}t \qquad (5.97)$$

$$= 2^{-\frac{j}{2}} \int x(t) \Psi^*(2^{-j}t - k) \mathrm{d}t$$

小波去噪的实质就是通过对尺度上的粗分辨逼近和细节信息按一定规律作某种处理，达到去除噪声、保留信号的目的。小波分析去噪时，首先对信号进行小波分解，由于噪声信号多包含在具有较高频率的细节中，从而可以利用门限、阈值等形式对分解所得的小波系数进行处理，然后对信号进行小波重构即可达到对信号消噪的目的。

经典的小波去噪方法分为四类：模极大值原理去噪法、小波阈值滤波法、平移不变小波去噪法和基于概率自适应去噪模型的小波去噪法。

模极大值原理去噪法是由 Mallat 提出的，在小波变换过程中信号和噪声的传播特性不同，信号对应的模极大值随着小波变换尺度的增大而增大，而噪声对应的模极大值随着小波变换尺度的增大而减小，因此，通过若干次小波变化后小波变换尺度的增加就可以去除噪声。基于模极大值的小波变换去噪方法对噪声依赖小，适合于低信噪比信号的去噪，且无须知道噪声的方差值，但在实际应用中影响计算精度的因素较多，去噪的效果并不理想。

小波阈值滤波法分为硬阈值和软阈值两种方法，是 1994 年由 Donoho 等提出的[15, 16]。硬阈值和软阈值的公式分别为式（5.98）和式（5.99）。

$$\bar{W}_{j,k} = \begin{cases} W_{j,k}, & |W_{j,k} > \lambda| \\ 0, & |W_{j,k} < \lambda| \end{cases} \qquad (5.98)$$

$$\bar{W}_{j,k} = \begin{cases} \mathrm{sign}(W_{j,k}) \cdot (|W_{j,k}| - \lambda), & |W_{j,k} > \lambda| \\ 0, & |W_{j,k} < \lambda| \end{cases} \qquad (5.99)$$

小波阈值滤波法基本原理是对图像信号进行正交小波变换后，图像信号的能量主要集中在幅值较大的小波系数中，而噪声主要集中在幅值较小的小波系数中，因此可以利用阈值方法，使得小于阈值的代表噪声信号的小波系数等于零而滤除，而大于阈值的代表有用信号的小波系数保留或者作相应的收缩处理，而硬阈值和软阈值的区别就在于对于大于阈值的小波系数是原样保留还是作相应的收缩处理。小波阈值滤波法对噪声的滤除效果较好，甚至可以完全滤除噪声，并且可以较好地保持图像的边缘特征。但是用硬阈值滤波方法对图像滤波后会使图像产生振铃、伪吉布斯效应等视觉失真，而软阈值滤波方法会使得滤波后的图像边缘失真。

平移不变小波去噪法可以有效地抑制在图像信号的不连续点阈值滤波法产生的伪吉布斯现象，滤波后图像的视觉效果较好。另外，平移不变小波去噪法的另一大优点是可以减小原始信号和估计信号之间的均方根误差值。但是由于图像信号往往存在多个连续性较差的点，这些点之间会产生干扰，影响平移不变小波去噪法的滤波效果，所以单一的平移在实际中很少使用，往往是采用循环平移的方法解决该问题，即依次进行循环平移，并将每次平移去噪后的结果再进行平均。

基于概率自适应去噪模型的小波去噪法是 2000 年由 Chang 等提出的[17]，它是将平移不变小波去噪法和自适应阈值理论相结合的一种针对图像去噪的方法，其自适应性体现在阈值不是固定的而是可以随着图像的统计特性而自适应地发生改变。Chen 等在 2004 年提出了使用邻域小波系数的图像阈值去噪算法，其理论依据是图像小波系数在小波分解后的相关性[18]。基于概率自适应去噪模型的小波去噪法对包含单一种类噪声的图像滤波效果较好，一旦图像中含有两种或多种类型的噪声，该方法就不能取得较好的滤波效果。

虽然小波变换是非平稳信号处理的有力工具，有多种小波基函数可以供选择，但一旦小波基函数选定后其特性就固定。各个尺度上的小波函数通过尺度和平移变换获得，由于信号每分解一次，逼近信号和细节信号的长度就减小一半，在不同尺度上得到的逼近信号特征之间存在差异，小波变换时采用以某个基函数导出的小波函数难以在不同尺度上准确地逼近局部信号特征，因此，降噪预处理时的重构信号会丢失原有的时域特征。在实际应用中，由于小波变换计算量很大，实时处理受到限制，而且实际时变信号的频率特性非常复杂，还没有形成统一的小波滤波理论。

5.3.4 图像的几何校正

图像在获取或显示生成过程中，成像系统本身具有几何非线性以及视像管摄像机及阴极射线管显示器的扫描偏转系统有一定的非线性，或者摄像时视角的不同，会使生成的图像产生几何失真或几何畸变。图像的几何失真实质上也是一种图像退化的过程。解决图像的几何失真校正的方法包括如下两个步骤。

（1）空间变换：对图像平面上的像素进行重新排列以恢复原空间关系。

（2）灰度插值：对空间变换后的像素赋予相应的灰度值以恢复原位置的灰度值。

几何畸变的图像通过上述的几何变换来校正失真图像中的各像素位置，以重新得到像素间原来的空间关系，包括原来的灰度值关系。

图像处理算法中的几何处理是根据几何变换改变一幅图像中像素的位置或排列。前面讨论过的各种处理都要根据特定的变换改变像素值的大小，而几何变换并不改变像素值的大小，它只是改变像素所处的位置。也就是说，将给定像素值的像素移到图像中一个新位置上。

由于几何变换是调整一幅图像中各类特征间空间关系的变换，实际上，一个不受约束的几何变换，可将图像中的一个点变换到图像中任意位置。也就是说，几何变换可将原图像变得面目全非。但实际使用的几何变换是一种保持变换前后图像局部特征相似性的变换。

几何变换是图像处理中一种基本的、常用的图像预处理方法，其主要用途是：

（1）实现数字图像的放大、缩小及旋转。

（2）实现畸变（畸变原因可以多种多样，如摄影系统或镜头畸变）图像的校正。

（3）实现不同来源图像（如航空摄影、卫星遥感、合成孔径雷达等）的配准。

（4）显示和打印图像时的一种图像排版工具。

（5）可以使处理后的图像具有多种不同的特殊效果。

进行几何变换处理时，如果不考虑像素位置、纵横比和缓冲区重叠问题，可能得不到预想的结果。

1. 几何畸变的描述

图像的几何畸变是指在成像过程中产生的图像像元的几何位置相对于参照系统（地面实际位置或地形图）发生的挤压、伸展、偏移和扭曲等变形，使图像的几何位置、尺寸、形状、方位等发生改变，如图 5.13 所示。图像中产生的几何畸变大致分为两大类：①内部畸变；②外部畸变。

图像的几何畸变实例如图 5.14 所示，其中图 5.14（a）为扭曲畸变，属于内部畸变，图 5.14（b）为扫描非线性畸变，也属于内部畸变。

2. 图像空间变换

图像空间几何坐标变换以及像素点灰度值的确定这两部分内容是几何校正的基础，几何校正需要两个独立的算法。一个算法是几何空间变换本身，用它描述每个像素如何从其初始位置移动到终止位置，即每个像素的运动。同时，还需要另一个算法用于灰度级的插值。

图像几何变换原理如图 5.15 所示。

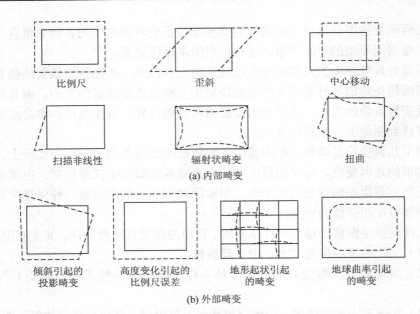

比例尺　　　　　　歪斜　　　　　　中心移动

扫描非线性　　　　辐射状畸变　　　　扭曲

(a) 内部畸变

倾斜引起的　　　高度变化引起的　　地形起状引起　　地球曲率引起
投影畸变　　　　比例尺误差　　　　的畸变　　　　　的畸变

(b) 外部畸变

图 5.13　图像的几何畸变

(a) 扭曲畸变

(b) 扫描非线性畸变

图 5.14 图像的几何畸变实例

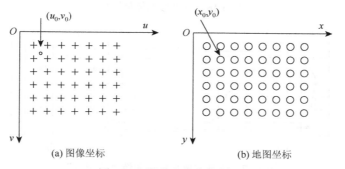

(a) 图像坐标 (b) 地图坐标

图 5.15 图像几何变换原理

将输入原图像 $f(u,v)$ 从 (u,v) 图像坐标系变换为 (x,y) 坐标系上数字输出图像 $g(x,y)$，并满足：

$$f(u,v) = g(x,y) = f[p(x,y),q(x,y)] \tag{5.100}$$

其中，数字图像上每个像素的坐标均为整数，(u,v) 坐标与 (x,y) 坐标之间的变换函数关系需满足 $u = p(x,y)$ 和 $v = q(x,y)$。

灰度级的插值原理如图 5.16 所示。

为了实现对图像平面上的像素进行重新排列以恢复原空间关系，可采用控制点法把失真图像与校正图像建立连接点控制，如图 5.17 所示。

3. 几何坐标变换

1）恒等变换

其变换公式为

$$\begin{cases} x' = x \\ y' = y \end{cases} \tag{5.101}$$

即将图像 $f(x,y)$ 复制为图像 $g(x',y')$。

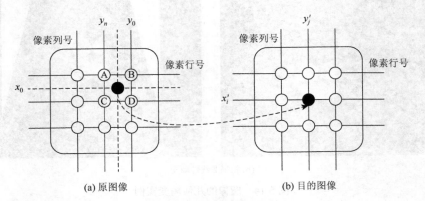

(a) 原图像　　　　　　　　(b) 目的图像

图 5.16　灰度级的插值原理

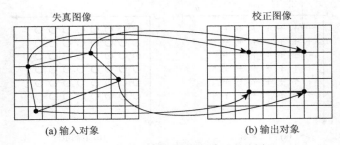

(a) 输入对象　　　　　　　　(b) 输出对象

图 5.17　失真图像与校正图像"控制点"

还可以用矩阵形式来表示图像变换方程。为了能方便地将各种图像变换规范化为统一的矩阵，并通过矩阵运算完成图像变换计算，图像变换通常使用齐次坐标矩阵来表示。恒等图像变换方程的齐次坐标矩阵表示式为

$$[x'\ y'\ 1]=[x\ y\ 1]\begin{bmatrix}1&0&0\\0&1&0\\0&0&1\end{bmatrix}\tag{5.102}$$

为了实现反向映射，需要使用目的图像像素坐标 (x',y') 计算原图像像素坐标 (x,y)。对变换矩阵求逆阵后，得到逆运算的矩阵表示式为

$$[x\ y\ 1]=[x'\ y'\ 1]\begin{bmatrix}1&0&0\\0&1&0\\0&0&1\end{bmatrix}\tag{5.103}$$

2）位移变换

在图像位移变换过程中，原像素和目标像素间存在着一对一的映射关系，这样在目的图像中就不会出现空像素，因此不需要进行插值。图像位移变换的公式为

$$\begin{cases} x' = x + x_0 \\ y' = y + y_0 \end{cases} \tag{5.104}$$

图像位移变换方程写成齐次坐标矩阵的形式为

$$\begin{bmatrix} x' & y' & 1 \end{bmatrix} = \begin{bmatrix} x & y & 1 \end{bmatrix} \begin{bmatrix} 1 & 0 & 0 \\ 0 & 1 & 0 \\ x_0 & y_0 & 1 \end{bmatrix} \tag{5.105}$$

逆运算的矩阵表示式为

$$\begin{bmatrix} x & y & 1 \end{bmatrix} = \begin{bmatrix} x' & y' & 1 \end{bmatrix} \begin{bmatrix} 1 & 0 & 0 \\ 0 & 1 & 0 \\ -x_0 & -y_0 & 1 \end{bmatrix} \tag{5.106}$$

3）翻转变换

垂直翻转的变换公式为

$$\begin{cases} u = p(x,y) = c - x \\ v = q(x,y) = y \end{cases} \tag{5.107}$$

式中，c 为常数，变换将图像 $f(u,v)$ 绕 $u_0 = c$ 的垂直轴翻转，得到图像 $g(x,y)$。

水平翻转的变换公式为

$$\begin{cases} u = p(x,y) = x \\ v = q(x,y) = c - y \end{cases} \tag{5.108}$$

4）缩放变换

其变换公式为

$$\begin{cases} u = p(x,y) = \dfrac{x}{c} \\ v = q(x,y) = \dfrac{y}{d} \end{cases} \tag{5.109}$$

其矩阵形式为

$$\begin{bmatrix} u \\ v \\ 1 \end{bmatrix} = \begin{bmatrix} 1/c & 0 & 0 \\ 0 & 1/d & 0 \\ 0 & 0 & 1 \end{bmatrix} \begin{bmatrix} x \\ y \\ 1 \end{bmatrix} \tag{5.110}$$

式中，c 和 d 为常数，变换将图像 $f(u,v)$ 在 x 轴方向上放大 c 倍，在 y 轴方向上放大 d 倍，得到图像 $g(x,y)$。当系数 c、d 小于 1 时，是缩小变换。

5）旋转变换

其变换公式为

$$\begin{cases} u = p(x,y) = x\cos\theta - y\sin\theta \\ v = q(x,y) = x\sin\theta + y\cos\theta \end{cases} \tag{5.111}$$

写成矩阵形式为

$$\begin{bmatrix} u \\ v \\ 1 \end{bmatrix} = \begin{bmatrix} \cos\theta & -\sin\theta & 0 \\ \sin\theta & \cos\theta & 0 \\ 0 & 0 & 1 \end{bmatrix} \begin{bmatrix} x \\ y \\ 1 \end{bmatrix} \tag{5.112}$$

4. 图像灰度插值

由于点 (u_0, v_0) 不在整数坐标点上，因此需要根据相邻整数坐标点上灰度值，来插值估算出该点的灰度值 $f(u_0, v_0)$。常用的灰度插值方法有三种：

（1）最近邻域法，如图 5.18 所示。

（2）双线性插值法，如图 5.19 所示。

（3）三次内插法。

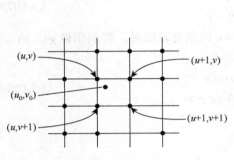

图 5.18　最近邻域法

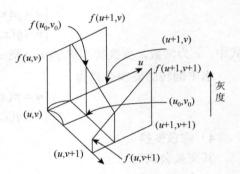

图 5.19　双线性插值法

最近邻域法是将与点 (u_0, v_0) 最近的整数坐标点 (u, v) 的灰度值取为点 (u_0, v_0) 的灰度值。在点各相邻像素间灰度变化较小时，这种方法是一种简单快速的方法，但当点 (u_0, v_0) 相邻像素灰度差很大时，这种灰度估值方法会产生较大的误差。

双线性插值法是对最近邻域法的一种改进，即用线性内插方法，根据点的四个相邻点的灰度值，插值计算出值。图 5.19 中 $f(u_0, v_0)$ 的计算方法如下：

$$\begin{aligned} f(u_0, v_0) &= f(u_0, v) + \beta[f(u_0, v+1) - f(u_0, v)] \\ &= (1-\alpha)(1-\beta)f(u, v) + \alpha(1-\beta)f(u+1, v) \\ &\quad + (1-\alpha)\beta f(u, v+1) + \alpha\beta f(u+1, v+1) \end{aligned} \tag{5.113}$$

三次内插法是利用三次多项式 $S(x)$ 来逼近理论上的最佳插值函数 $\sin x/x$，如图 5.20 所示。

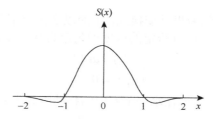

$$\text{图 5.20}\quad S(x)=\sin(\pi x)/\pi x \text{ 的三次多项式}$$

采用的三次近似多项式为

$$S(x)=\begin{cases}1-2|x|^2+|x|^3, & 0\leqslant|x|<1\\ 4-8|x|+5|x|^2-|x|^3, & 1\leqslant|x|<2\\ 0, & |x|\geqslant 2\end{cases}\quad(5.114)$$

利用此多项式可准确地恢复原函数，也就可准确地得到采样点间任意点的值。这种方法的特点是计算量大，但可以克服前面两种方法的缺点，并且精度较高。

5.3.5　运动模糊图像的复原

在获取图像的过程中，由于传感器与被摄物体之间存在相对运动，往往获取的图像会出现"运动模糊"。其中，匀速运动所造成的模糊图像的复原问题具有一般性和普遍性。这是因为变速、非直线的运动在特定的条件下都可以看作是匀速、直线运动的合成结果。

假设图像 $f(x,y)$ 在平面上运动，令 $x_0(t)$ 和 $y_0(t)$ 分别为 x 和 y 方向上运动的变量，t 为运动时间。记录介质的总曝光量为快门从打开至关闭这段时间的积分。则模糊后的图像可表示为

$$g(x,y)=\int_0^T f[x-x_0(t),y-y_0(t)]\mathrm{d}t\quad(5.115)$$

式中，$g(x,y)$ 为模糊后的图像。该式为由目标物或摄像机相对运动造成图像模糊的模型。对式（5.115）进行傅里叶变换，得

$$\begin{aligned}G(u,v)&=\int_{-\infty}^{\infty}\int_{-\infty}^{\infty}g(x,y)\mathrm{e}^{-\mathrm{j}2\pi(ux+vy)}\mathrm{d}x\mathrm{d}y\\ &=\int_{-\infty}^{\infty}\int_{-\infty}^{\infty}\left\{\int_0^T f[x-x_0(t),y-y_0(t)]\mathrm{d}t\right\}\mathrm{e}^{-\mathrm{j}2\pi(ux+vy)}\mathrm{d}x\mathrm{d}y\quad(5.116)\\ &=F(u,v)\int_0^T \mathrm{e}^{-\mathrm{j}2\pi[ux_0(t)+vy_0(t)]}\mathrm{d}t\end{aligned}$$

令 $H(u,v)=\int_0^T \mathrm{e}^{-\mathrm{j}2\pi[ux_0(t)+vy_0(t)]}\mathrm{d}t$，则有

$$G(u,v)=H(u,v)F(u,v)\quad(5.117)$$

这是已知退化模型的傅里叶变换式，下面以实例介绍图像模糊的模型。例如，设原图像 $f(x,y)$ 只在 x 方向以给定的速度做匀速直线运动，则有

$$\begin{cases} x_0(t) = at/T \\ y_0(t) = 0 \end{cases} \tag{5.118}$$

当 $t = T$ 时，图像 $f(x,y)$ 在水平 x 方向的移动距离为 a，则

$$H(u,v) = \int_0^T e^{-j2\pi u x_0(t)} dt = \frac{T}{\pi u a} \sin(\pi u a) e^{-j2\pi u a} \tag{5.119}$$

若 y 分量也发生变化，则退化函数变为

$$H(u,v) = \frac{T}{\pi(ua+vb)} \sin[\pi(ua+vb)] e^{-j2\pi(ua+vb)} \tag{5.120}$$

在实际应用中，经常会遇到运动模糊图像的复原问题，航空遥感相机拍摄的图片通常要进行运动模糊图像的复原，可以采用维纳滤波复原等具体方法实现。

5.4　图　像　增　强

图像在传输或者处理过程中会引入噪声或使图像变模糊，从而降低了图像质量，甚至淹没了特征，给分析带来了困难。图像增强是对图像进行加工，以得到对具体应用来说视觉效果更"好"或更"有用"的图像处理技术。图像增强的目的：一是改善图像的视觉效果，提高图像的清晰度；二是将图像转换成一种更适合于人或机器分析处理的形式。总之，就是通过处理来有选择地突出图像中感兴趣的信息，抑制无用信息，以提高图像的使用价值。

图像增强与感兴趣信息的特征、观察者的习惯和处理目的有关，因此具有针对性，增强的结果多以人的主观感觉加以评价，缺乏通用的、客观的标准。在实际应用中，针对某个应用场合的具体图像，可同时选择几种适当的图像增强算法进行实验，从中选择视觉效果较好、计算复杂度小同时又合乎应用要求的一种算法。

在图像增强的过程中，没有新信息的增加，只是通过压制一部分信息，从而突出另一部分信息。图像增强方法按照作用域分为空域法和频域法两类。空域法是直接对图像的像素灰度值进行操作，常用的空域法包括图像的灰度变换、直方图修正、图像空域平滑和锐化处理、彩色增强等。频域法是在图像的变换域中，对图像的变换值进行操作，然后经逆变换获得所需的增强结果。常用的方法包括低通滤波、高通滤波以及同态滤波等。

5.4.1　图像的对比度增强

在图像成像过程中，由于环境限制等因素的影响，生成的图像往往对比度不

足，造成图像的视觉效果差。对此，可采用图像灰度值变换的方法，即改变图像像素的灰度值，以改变图像灰度的动态范围，增强图像的对比度。设原图像为 $f(m,n)$，处理后为 $g(m,n)$，则对比度增强可表示为

$$g(m,n)=T[f(m,n)]$$

其中，$T[\cdot]$ 表示增强图像和原图像的灰度变换关系（函数）。针对数字图像，由于其灰度取值为离散型，而通过 $T[\cdot]$ 计算的增强值可能带有小数部分，一般采用四舍五入取整的方法，使 $g(m,n)$ 仍取整数。因此，这里的 $T[\cdot]$ 也隐含灰度变换值的取整过程。

1. 灰度线性变换

在曝光不足或曝光过度的情况下，图像的灰度值会局限在一个较小的范围内，或虽然曝光充分，但图像中感兴趣部分的灰度值范围小、层次少，此时的图像可能是一个模糊、灰度层次不清楚的图像。利用灰度的线性或分段线性变换，就可以扩展图像的动态范围或增强图像的对比度。

设原图像灰度值为 $f(m,n)\in[a,b]$，线性变换后的取值为 $g(m,n)\in[c,d]$，则灰度线性变换关系如图 5.21 所示。变换关系式为

$$g(m,n)=c+k[f(m,n)-a] \qquad (5.121)$$

式中，$k=\dfrac{d-c}{b-a}$ 为变换函数（直线）的斜率。

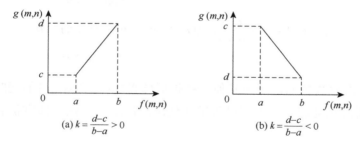

图 5.21　灰度线性变换关系

根据 $[a,b]$ 和 $[c,d]$ 的取值大小可有如下几种情况。

（1）扩展动态范围：若 $[a,b]\subset[c,d]$，即 $k>1$，则结果会使图像灰度取值的动态范围展宽，这样就可改善曝光不足的缺陷，或充分利用图像显示设备的动态范围。

（2）改变取值区间：若 $k=1$，即 $d-c=b-a$，则变换后灰度动态范围不变，但灰度取值区间会随 a 和 c 的大小而平移。

（3）缩小动态范围：若$[c,d] \subset [a,b]$，即$0 < k < 1$，则变换后图像动态范围会变窄。

（4）反转或取反：若$k < 0$，即对于$b > a$，有$d < c$，则变换后图像的灰度值会反转，即原来亮的变暗，原来暗的变亮。在$k = -1$时，$g(m,n)$即为$f(m,n)$的取反。

有些情况下，图像的整个灰度范围（记为$[0,M]$）已经很宽了，但感兴趣的某两个灰度值间的动态范围（记为$[a,b]$）却很窄。这时可采用灰度分段线性变换，来扩展感兴趣的$[a,b]$。具体情况有两种，对应的变换关系如图 5.22 所示。

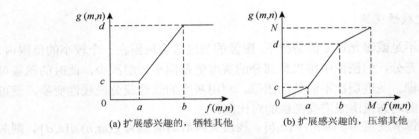

(a) 扩展感兴趣的，牺牲其他　　　　　　(b) 扩展感兴趣的，压缩其他

图 5.22　灰度分段线性变换关系

（1）扩展感兴趣的，牺牲其他。对于感兴趣的区间$[a,b]$，采用斜率大于 1 的线性变换来进行扩展，而把其他区间用a或b来表示。变换函数为

$$g(m,n) = \begin{cases} a, & f(m,n) < a \\ c + \dfrac{d-c}{b-a}[f(m,n) - a], & a \leqslant f(m,n) \leqslant b \\ b, & f(m,n) > b \end{cases} \tag{5.122}$$

（2）扩展感兴趣的，压缩其他。在扩展感兴趣的区间$[a,b]$的同时，为了保留其他区间的灰度层次，也可以采用其他区间压缩的方法，即有扩有压。变换函数为

$$g(m,n) = \begin{cases} \dfrac{c}{a}f(m,n), & 0 \leqslant f(m,n) < a \\ c + \dfrac{d-c}{b-a}[f(m,n) - a], & a \leqslant f(m,n) \leqslant b \\ d + \dfrac{N-d}{M-b}[f(m,n) - b], & b < f(m,n) \leqslant M \end{cases} \tag{5.123}$$

图像灰度线性变换的示例见图 5.23。

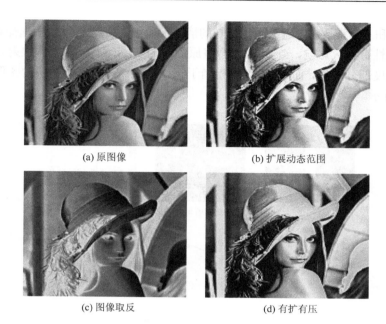

(a) 原图像　　　　　　　　　　　　(b) 扩展动态范围

(c) 图像取反　　　　　　　　　　　(d) 有扩有压

图 5.23　图像灰度线性变换的示例

2. 灰度非线性变换

除了采用线性变换外，也可以采用非线性变换来增强图像的对比度。常用的灰度非线性变换方法如下。

1）对数变换

对数变换的一般表达式为

$$g(m,n) = \lambda \log(1 + f(m,n)) \tag{5.124}$$

式中，λ 为一个调节常数，用它来调节变换后的灰度值，使其符合实际要求。

对数变换的作用是扩展图像的低灰度范围，同时压缩高灰度范围，使得图像灰度分布均匀，与人的视觉特性相匹配。对数变换的一个典型应用就是傅里叶频谱，由于其频谱值的范围很大，图像显示系统往往不能如实呈现出如此大范围的强度值，从而造成很多细节在显示时丢失，如图 5.24 所示，这时采用对数变换，可得到清晰的频谱。

2）指数变换

与对数变换的效果相反，指数变换使得高灰度范围得到扩展，而压缩了低灰度范围，其一般表达式为

$$g(m,n) = \lambda (f(m,n) + \varepsilon)^{\gamma} \tag{5.125}$$

式中，λ 和 γ 为常数。为避免底数为 0 的情况，增加偏移量 ε。γ 值的选择对于变换函数的特性有很大影响，当 $\gamma < 1$ 时会将原图像的灰度向高亮度部分映射，当 $\gamma > 1$ 时向低亮度部分映射，而当 $\gamma = 1$ 时相当于正比变换。灰度指数变换的图像示例如图 5.25 所示。

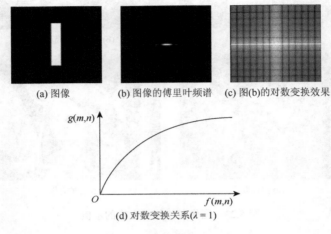

(a) 图像　　　　　　　(b) 图像的傅里叶频谱　　　　(c) 图(b)的对数变换效果

(d) 对数变换关系($\lambda = 1$)

图 5.24　对数变换应用示例

(a) 原图像　　　　　　(b) $\gamma = 0.7$时的变换结果　　　　(c) $\gamma = 1.7$时的变换结果

图 5.25　取不同 γ 值的指数变换结果对比

5.4.2　直方图修正

灰度直方图反映了数字图像中每一个灰度级与其出现频率间的统计关系。它能描述该图像的概貌，如图像的灰度范围、每个灰度级的出现频率、灰度级分布、整幅图像的平均明暗和对比度等，为图像进一步处理提供了重要依据。大多数自然图像由于其灰度分布集中在较窄的区间，图像细节不够清晰。采用直方图修正后使得图像的灰度间距拉开或使灰度分布均匀，从而增大反差，使图像细节清晰，达到增强图像的目的。

1. 灰度图像直方图

对一幅数字图像，若对应于每一灰度值，统计出具有该灰度值的像素数，并据此绘出像素数-灰度值图形，则该图形称为该图像的灰度直方图，简称直方图。直方图以灰度值作横坐标，像素数作纵坐标。有时直方图也采用某一灰度值的像素数占全图总像素数的百分比（即某一灰度值出现的频数）作纵坐标，如图 5.26 所示。

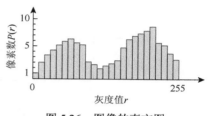

图 5.26　图像的直方图

设变量 r 代表图像中像素灰度级，在图像中，像素的灰度级可作归一化处理，这样 r 的值将限定在下述范围：

$$0 \leqslant r \leqslant 1$$

在灰度级中，$r=0$ 代表黑，$r=1$ 代表白。对于一幅给定的图像来说，每一个像素取得区间[0, 1]的灰度级是随机的，也就是说，是一个随机变量。

在离散的形式下，用 r_k 代表离散灰度级，用 $p_r(r_k)$ 代表概率密度函数，并且有式（5.126）成立：

$$p_r(r_k) = \frac{n_k}{n}, \quad 0 \leqslant r_k \leqslant 1, \quad k = 0,1,2,\cdots,l-1 \qquad (5.126)$$

式中，n_k 为图像中出现 r_k 这种灰度的像素数；n 是图像中像素总数；$\dfrac{n_k}{n}$ 是概率论中的频数；l 是灰度级的总数目。在直角坐标系中作出 r_k 与 $P(r_k)$ 的关系图形，就得到直方图，如图 5.27 所示。

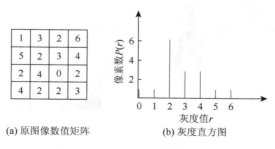

(a) 原图像数值矩阵　　　　　　　(b) 灰度直方图

图 5.27　灰度直方图计算示意图

从图 5.28（a）和（b）两个灰度分布概率密度函数中可以看出：图 5.28（a）的大多数像素灰度值取在较暗的区域，所以这幅图像肯定较暗，一般在摄影过程中曝光过强就会造成这种结果；图 5.28（b）图像的像素灰度值集中在较亮的区域，因此，这幅图像的特性将偏亮，一般在摄影中曝光太弱将导致这种结果。显然，从两幅图像的灰度分布来看，图像的质量均不理想。直方图显示与灰度图像的关系如图 5.29 所示。

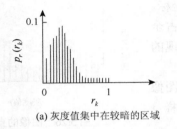

(a) 灰度值集中在较暗的区域

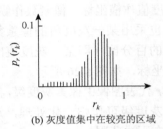

(b) 灰度值集中在较亮的区域

图 5.28　图像灰度分布概率密度函数

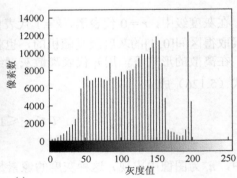

(a)

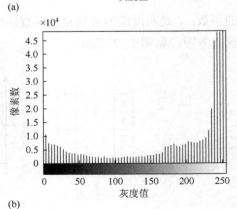

(b)

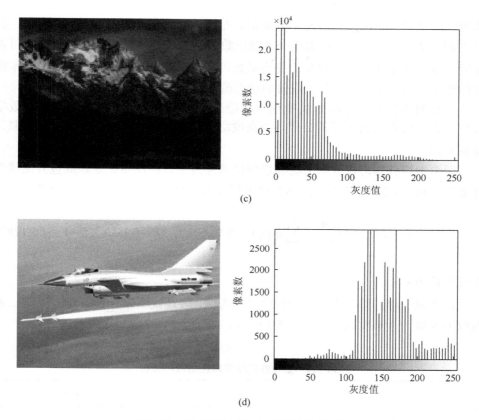

图 5.29　直方图显示与灰度图像的关系

2. 直方图均衡化

通过对大量图像的灰度直方图分析，可知道并了解原图像的整体性质：有的图像总体偏暗，有的总体偏亮；有的图像灰度动态范围太小，许多细节分辨不清；有的灰度分布均匀，给观察者清晰、明快的感觉。为了改善图像质量，可以对灰度分布进行变换，其中一种方法称为直方图均衡化处理。直方图均衡化方法的基本思想是，对图像中像素个数多的灰度级进行展宽，而对像素个数少的灰度级进行缩减，从而得到清晰图像。因为灰度分布可在直方图中描述，所以该图像增强方法是基于图像的灰度直方图。

直方图均衡化处理是以累积分布函数变换法为基础的直方图修正法。假定变换函数为

$$s = T(r) = \int_0^r p_r(\omega)\mathrm{d}\omega \tag{5.127}$$

式中，ω 是积分变量；$T(r)$ 是 r 的累积分布函数。累积分布函数是 r 的函数，并且单调地从 0 增加到 1，所以这个变换函数满足 $T(r)$ 在 $0 \leqslant r \leqslant 1$ 单调增加。可以证明，用 r 的累积分布函数作为变换函数可产生一幅灰度级分布具有均匀概率密度的图像，其结果扩展了像素取值的动态范围。

　　上述修正法是以连续随机变化为基础进行讨论的。为方便对图像进行数字处理，必须引入离散形式的公式。当灰度级是离散值时，可用频数 $p_r(r_k)$ 近似代替概率值。

　　通常把得到均匀直方图的图像增强技术称为直方图均衡化处理或直方图线性化处理。式（5.126）的直方图均衡化累积分布函数的离散形式可以表示为

$$s_k = T(r_k) = \sum_{j=0}^{k} \frac{n_j}{N} = \sum_{j=0}^{k} p_r(r_j), \quad 0 \leqslant r_k \leqslant 1, \quad k = 0,1,2,\cdots,L-1 \quad (5.128)$$

其反变换为 $r_k = T^{-1}(s_k)$。

　　以下以一幅图像的直方图均衡化过程为例。假设该图像有 64×64 个像素，灰度级为 8 级，其灰度级分布如表 5.4 所示。

表 5.4　图像各灰度级对应的概率分布

r_k	n_k	$p_r(r_k) = n_k/n$
$r_0 = 0$	790	0.19
$r_1 = 1$	1023	0.25
$r_2 = 2$	850	0.21
$r_3 = 3$	656	0.16
$r_4 = 4$	329	0.08
$r_5 = 5$	245	0.06
$r_6 = 6$	122	0.03
$r_7 = 7$	81	0.02

　　图像的原始直方图如图 5.30（a）所示，累积分布变换函数如图 5.30（b）所示，对该图像进行均衡化处理，过程如下。

　　（1）根据式（5.128）可得如下变换函数：

$$s_0 = T(r_0) = \sum_{j=0}^{0} p_r(r_j) = p_r(r_0) = 0.19$$

$$s_1 = T(r_1) = \sum_{j=0}^{1} p_r(r_j) = p_r(r_0) + p_r(r_1) = 0.44$$

（5.129）

$$s_2 = T(r_2) = \sum_{j=0}^{2} p_r(r_j) = p_r(r_0) + p_r(r_1) + p_r(r_2) = 0.19 + 0.25 + 0.21 = 0.65$$

$$s_3 = T(r_3) = \sum_{j=0}^{3} p_r(r_j) = p_r(r_0) + p_r(r_1) + p_r(r_2) + p_r(r_3) = 0.81$$

依此类推，则

$$s_4 = 0.89$$
$$s_5 = 0.95$$
$$s_6 = 0.98$$
$$s_7 = 1.0$$

（2）对 s_k 以 1/7 为量化单位进行舍入计算。这里对图像只取 8 个等间隔的灰度级，变换后的 s 值也只能选择最靠近的一个灰度级的值。因此，对上述计算值加以修正：

$$s_0 \approx \frac{1}{7}, \quad s_1 \approx \frac{3}{7}, \quad s_2 \approx \frac{5}{7}, \quad s_3 \approx \frac{6}{7}, \quad s_4 \approx \frac{6}{7}, \quad s_5 \approx 1, \quad s_6 \approx 1, \quad s_7 \approx 1$$

（3）确定新灰度分布图。由上述计算出的数值可见，新图像将只有 5 个不同的灰度级别，可以重新定义一个符号：

$$s_0' \approx \frac{1}{7}, \quad s_1' \approx \frac{3}{7}, \quad s_2' \approx \frac{5}{7}, \quad s_3' \approx \frac{6}{7}, \quad s_4' \approx 1$$

r_0 经变换得 $s_0 = 1/7$，所以有 790 个像素取 s_0 这一灰度值；r_1 映射到 $s_1 = 3/7$，所以有 1023 个像素取 s_1 这一灰度值；依此类推，有 850 个像素取 $s_2 = 5/7$ 这一灰度值。但是，因为 r_3 和 r_4 均映射到 $s_3 = 6/7$ 这一灰度级，所以有 $656 + 329 = 985$ 个像素取这个值。同样，有 $245 + 122 + 81 = 448$ 个像素取 $s_4 = 1$ 这一灰度值。用 $n = 4096$ 来除上述这些 n_k，由计算的值便可得到新的直方图。新直方图如图 5.30（c）所示。

由上面的例子可见，利用累积分布函数作为灰度变换函数，经变换后得到的新灰度的直方图虽然不很平坦，但毕竟比原始图像的直方图平坦得多，而且其动态范围也大大地扩展了。因此，这种方法对于处理对比度较弱的图像是很有效的。

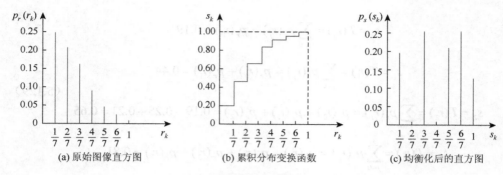

(a) 原始图像直方图　　　　(b) 累积分布变换函数　　　　(c) 均衡化后的直方图

图 5.30　图像直方图均衡化处理示例

　　因为直方图是近似的概率密度函数，所以用离散灰度级作变换时很少能得到完全平坦的结果。另外，从上例中可以看出，变换后的灰度级减少了，这种现象称为"简并"现象。由于"简并"现象的存在，处理后的灰度级总是要减少的，这是像素灰度有限的必然结果。由于上述原因，数字图像的直方图均衡只是近似的。直方图均衡化处理显示示例如图 5.31～图 5.33 所示。

(a) 原始图像　　　　　　　　　　　　(b) 均衡化后的图像

(c) 原图像的直方图　　　　　　　　　　(d) 均衡化后的直方图

图 5.31　直方图均衡化处理显示示例一

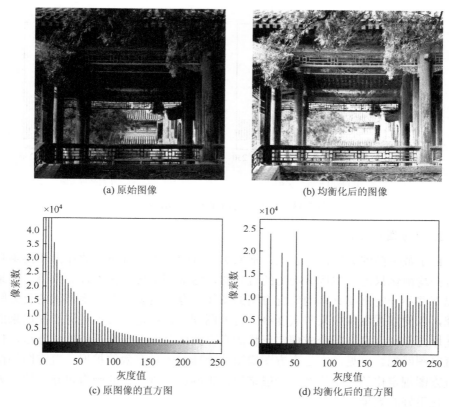

(a) 原始图像　　　　　　　　　　　(b) 均衡化后的图像

(c) 原图像的直方图　　　　　　　　　(d) 均衡化后的直方图

图 5.32　直方图均衡化处理显示示例二

(a) 原始图像　　　　　　　　　　　(b) 均衡化后的图像

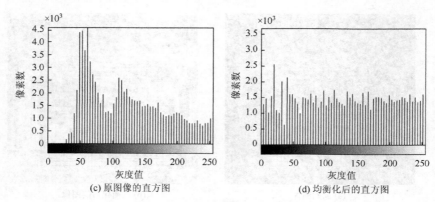

(c) 原图像的直方图　　　　　　　　　(d) 均衡化后的直方图

图 5.33　直方图均衡化处理显示示例三

3. 直方图规定化

　　由于数字图像离散化的误差，把原始直方图的累积分布函数作为变换函数，直方图均衡化只能产生近似均匀的直方图，这限制了均衡化处理的效果。在某些情况下并不一定需要具有均匀直方图的图像，有时需要具有特定形状的直方图的图像，以便增强图像中某些灰度级。直方图规定化就是针对上述思想提出来的，是使原图像灰度直方图变成规定形状的直方图而对图像作修正的增强方法，也称为直方图匹配。可见，它是直方图均衡化处理的一种有效的扩展，直方图均衡化是直方图规定化的一个特例。一般来说，正确选择规定化的函数可获得比直方图均衡化更好的效果。

　　直方图规定化的具体步骤如下。

　　（1）对原直方图进行均衡化，即求其累计直方图 p_i。

$$p_i = \sum_{k=0}^{i} p_r(k), \quad i = 0,1,2,\cdots,L-1$$

　　（2）对规定直方图进行均衡化，即求其累计直方图 p_j。

$$p_j = \sum_{l=0}^{j} p_z(l), \quad j = 0,1,2,\cdots,L-1$$

　　（3）按 $p_j \to p_i$ 最靠近的原则进行 $i \to j$ 的变换。

　　（4）求出 $i \to j$ 的变换函数，对原图像进行灰度变换 $j = T[i]$。其中，$p_r(i)$ 为原数字图像的直方图，$p_z(j)$ 为规定直方图，i 和 j 分别为原图像和期望图像的灰度级，且具有相同的取值范围，即 $i, j = 0,1,2,\cdots,L-1$。

　　下面举例说明直方图规定化处理方法。原始图像数据与直方图均衡化例子相同，假设该图像有 64×64 个像素，灰度级为 8 级，其灰度级分布如表 5.4 所示。

　　图 5.34（a）是原图像直方图，（b）是期望图像的直方图，即规定直方图，期望图像所对应的直方图的具体数值见表 5.5。

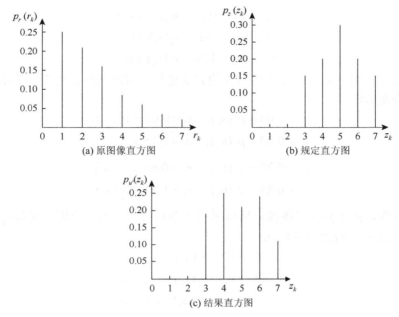

图 5.34　直方图规定化

表 5.5　规定直方图概率分布

u_k	$p_z(r_k) = n_k / n$
$u_0 = 0$	0.00
$u_1 = 1$	0.00
$u_2 = 2$	0.00
$u_3 = 3$	0.15
$u_4 = 4$	0.20
$u_5 = 5$	0.30
$u_6 = 6$	0.20
$u_7 = 7$	0.15

直方图规定化处理步骤如下。

第 1 步，重复均衡化过程，计算直方图均衡化原始图像的灰度 r_i 对应的变换函数 s_i，8 个灰度级合并成 5 个灰度级，结果如下：

$$s_0 = 1, \quad n_0 = 790, \quad p_i(s_0) = 0.19$$
$$s_1 = 3, \quad n_1 = 1023, \quad p_i(s_1) = 0.25$$

$$s_2 = 5, \quad n_2 = 850, \quad p_i(s_2) = 0.21$$
$$s_3 = 6, \quad n_3 = 985, \quad p_i(s_3) = 0.24$$
$$s_4 = 7, \quad n_4 = 448, \quad p_i(s_4) = 0.11$$

第 2 步，对规定化的图像用同样的方法进行直方图均衡化处理，求出给定直方图对应灰度级：

$$v_0 = 0.00 = p_j(u_0), \quad v_1 = 0.00 = p_j(u_1)$$
$$v_2 = 0.00 = p_j(u_2), \quad v_3 = 0.15 = p_j(u_3)$$
$$v_4 = 0.35 = p_j(u_4), \quad v_5 = 0.65 = p_j(u_5)$$
$$v_6 = 0.85 = p_j(u_6), \quad v_7 = 1.00 = p_j(u_7)$$

第 3 步，由于是离散图像，所以采用"单映射最靠近"原则，用与 v_k 最接近的 s_k 来代替 v_k，得到如下结果：

$$s_0 = 1 \rightarrow v_3 = p_j(u_3) \rightarrow u_3 = 3$$
$$s_1 = 3 \rightarrow v_4 = p_j(u_4) \rightarrow u_4 = 4$$
$$s_2 = 5 \rightarrow v_5 = p_j(u_5) \rightarrow u_5 = 5$$
$$s_3 = 6 \rightarrow v_6 = p_j(u_6) \rightarrow u_6 = 6$$
$$s_4 = 7 \rightarrow v_7 = p_j(u_7) \rightarrow u_7 = 7$$

并求逆变换得到 u_k'：

$$u_3' = 3, \quad u_4' = 4, \quad u_5' = 5, \quad u_6' = 6, \quad u_7' = 7$$

第 4 步，图像总像素数为 4096，根据第 3 步求出 u_k' 相应的 n 的 $p_u(u_k')$：

$$n_{u0} = 0, \quad n_{u1} = 0, \quad n_{u2} = 0, \quad n_{u3} = 790$$
$$n_{u4} = 1023, \quad n_{u5} = 850, \quad n_{u6} = 985, \quad n_{u7} = 448$$

得到的结果见图 5.34（c）和表 5.6。

表 5.6　规定直方图概率分布结果

u_k'	n_k	$p_u(u_k')$
$u_0' = 0$	0	0.00
$u_1' = 1$	0	0.00
$u_2' = 2$	0	0.00
$u_3' = 3$	790	0.19
$u_4' = 4$	1023	0.25
$u_5' = 5$	850	0.21
$u_6' = 6$	985	0.24
$u_7' = 7$	448	0.11

5.4.3　空域滤波增强

空域滤波是指利用像素及像素邻域组成的空间进行图像增强的方法。其原理是对图像进行模板运算。模板运算的基本思路是将赋予某个像素的值作为它本身灰度值和其相邻像素灰度值的函数。

模板运算中最常用的是模板卷积，该方法在空域实现的主要步骤为。

（1）将模板在图中漫游，并将模板中心与空域中某个像素位置重合。

（2）将模板上的各个系数与模板下各对应像素点的灰度值相乘。

（3）将所有乘积相加（为保持灰度范围，常将结果再除以模板的系数个数）。

（4）将上述运算结果（模板的输出响应）赋给图中对应模板中心位置的像素。

图 5.35（a）给出一幅图像的一部分，并标出了这些像素的灰度值。设现在有一个 3×3 的模板，如图 5.35（b）所示，模板内所标数字为模板系数。如使 k_0 所在位置与图像灰度值为 s_0 的像素重合（即将模板中心放在图 (x,y) 位置），则模板的输出响应 R 为

$$R = \sum_{i=0}^{N} k_i s_i = k_0 s_0 + k_1 s_1 + \cdots + k_8 s_8 \tag{5.130}$$

将 R 赋给增强图在 (x,y) 位置的像素，为新灰度值，如图 5.35（c）所示。若对原图中每个像素都进行上述操作，那么可得到增强图像上所有位置的新灰度值，且操作结果只改变与模板中心对应的那个像素。

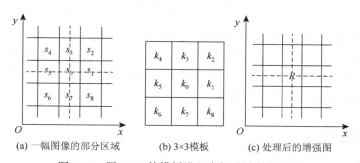

(a) 一幅图像的部分区域　　　　(b) 3×3模板　　　　(c) 处理后的增强图

图 5.35　用 3×3 的模板进行空间滤波的示意图

空域滤波是在图像空间借助模板进行邻域操作完成的，对上述模板赋予不同的值，就可以对原始图像得到不同的增强效果。空域滤波器根据功能主要分成平滑滤波器和锐化滤波器。平滑滤波能减弱或消除图像中的高频分量，同时又不影响低频分量，可用低通滤波实现。图像中的高频分量对应于区域边缘等灰度值具有较大较快变换的部分，平滑滤波器可将这些分量滤去以减少灰度值的起伏。平

滑的目的：①消除噪声；②去除太小的细节或将目标内的小间断连接起来实现模糊。锐化滤波器则能减弱或消除图像中点的低频分量而不影响高频分量，可用高通滤波实现。低频分量是图像中灰度值缓慢变换的部分，与图像的整体特性相关，锐化滤波器可将这些分量滤去使图像增加反差，边缘明显。锐化的目的是增强被模糊的细节。

空域滤波按线性和非线性特点有：①基于傅里叶变换分析的线性滤波；②直接对邻域进行操作的非线性空间滤波。

1. 线性平滑滤波器

1）邻域平均与加权平均

邻域平均法是简单的空域处理方法。这种方法的基本思想是用几个像素灰度的平均值来代替每个像素的灰度。假定有一幅 $N\times N$ 个像素的图像 $f(x,y)$，平滑处理后得到一幅图像 $g(x,y)$。$g(x,y)$ 由式（5.131）决定：

$$g(x,y)=\frac{1}{N}\sum_{(i,j)\in S}f(i,j) \tag{5.131}$$

式中，$x,y=0,1,2,\cdots,N-1$；S 是 (x,y) 邻域中点的集合，但其中不包括 (x,y) 点。式（5.131）说明，平滑化的图像 $g(x,y)$ 中的每个像素的灰度值均由包含在 (x,y) 的预定邻域中的 $f(x,y)$ 的几个像素的灰度值的平均值来决定。例如，可以以 (x,y) 点为中心，取单位距离构成一个邻域，其中点的坐标集合为

$$S=\{(x,y+1),(x,y-1),(x+1,y),(x-1,y)\}$$

图 5.36 给出了两种从图像阵列中选取邻域的方法。图 5.36（a）的方法是一个点的邻域，定义为以该点为中心的一个圆的内部或边界上的点的集合。图中选取点的灰度值就是圆周上 4 个像素灰度值的平均值。图 5.36（b）是选择圆的边界上的点和在圆内的点为 S 的集合。

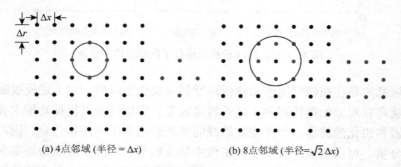

(a) 4点邻域（半径 = Δx）　　　　(b) 8点邻域（半径 = $\sqrt{2}\,\Delta x$）

图 5.36　数字图像中的 4、8 点邻域

处理结果表明，上述选择邻域的方法对抑制噪声是有效的，但是随着邻域的加大，图像的模糊程度也越来越严重。为克服这一缺点，可以采用阈值法减少由邻域平均所产生的模糊效应。其基本方法由式（5.132）决定：

$$g(x,y)=\begin{cases}\dfrac{1}{M}\sum_{(m,n)\in S}f(m,n), & \left|f(x,y)-\dfrac{1}{M}\sum_{(m,n)\in S}f(m,n)\right|>T\\ f(x,y), & \text{其他}\end{cases} \tag{5.132}$$

式中，T 就是规定的非负阈值。这个表达式的物理概念是：当一些点和它的邻域内点灰度的平均值的差不超过规定的阈值 T 时，就仍然保留其原灰度值不变，如果大于阈值 T 就用它们的平均值来代替该点的灰度值。这样就可以大大减少模糊的程度。

常用的平滑掩模算子为

$$\boldsymbol{H}_1=\frac{1}{9}\begin{bmatrix}1&1&1\\1&1&1\\1&1&1\end{bmatrix} \tag{5.133}$$

这是一种最常用的线性滤波器，也称为均值滤波器。以 3×3 邻域为例，模板与像素邻域的乘积和要除以 9。均值滤波器所有的系数都是正数，选取算子的原则是必须保证全部权系数之和为单位值，即无论如何构成模板，整个模板的平均数为 1。

均值滤波器的缺点是，会使图像变得模糊，原因是它对所有的点都是同等对待，在将噪声点分摊的同时，将景物的边界点也分摊了。为了改善效果，就可采用加权平均的方式来构造滤波器。

对同一尺寸的模板，根据图像中心点或邻域的重要程度不同，可对不同的位置赋予不同的数值，即加权平均。常见的几种加权平均模板如下：

$$\boldsymbol{H}_2=\frac{1}{10}\begin{bmatrix}1&1&1\\1&2&1\\1&1&1\end{bmatrix}$$

$$\boldsymbol{H}_3=\frac{1}{16}\begin{bmatrix}1&2&1\\2&4&2\\1&2&1\end{bmatrix} \tag{5.134}$$

$$\boldsymbol{H}_4=\frac{1}{8}\begin{bmatrix}1&1&1\\1&0&1\\1&1&1\end{bmatrix}$$

　　一般认为离对应模板中心像素近的像素会对滤波结果有较大的影响，所以接近模板中心的系数比较大，而模板边界的附件的系数比较小。使用时常取模板周边最小的系数为 1，而内部系数成比例增加，中心系数最大，以保证各模板系数均为整数且减少计算量。根据上述思路，一种常用的加权平均方法是根据系数与模板中心的距离反比地确定其他内部系数的值。

　　2）均值滤波器

　　均值滤波器是在图像上，对待处理的像素给定一个模板，该模板包括了其周围的邻近像素，用模板中的全体像素的均值来替代原来的像素值的方法。以下采用前述模板 H_1 进行均值滤波，如图 5.37 所示。

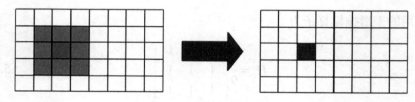

图 5.37　均值滤波器示意图

均值滤波器计算过程以模块运算系数表示，如图 5.38 所示。

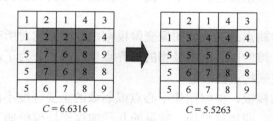

$C = 6.6316$　　　　　　　$C = 5.5263$

图 5.38　均值滤波器原理

2. 非线性平滑滤波器

　　虽然均值滤波器对噪声有抑制作用，但同时会使图像变得模糊。即使是加权均值滤波，改善的效果也是有限的。为了有效地改善这一状况，必须改变滤波器的设计思路，中值滤波就是一种有效的方法。

　　中值滤波器（median filter）是一种最常用的去除噪声的非线性平滑滤波处理方法，其滤波原理与均值滤波方法类似，二者的不同之处在于：中值滤波器的输出像素是由邻域像素的中间值而不是平均值决定的。中值滤波器产生的模数较少，更适合于消除图像的孤立噪声点。

　　中值滤波器设计思想：噪声（如椒盐噪声）的出现，使该点像素比周围的像素亮（暗）许多。如果在某个模板中，对像素进行由小到大的重新排列，那么最亮的或者最暗的点一定被排在两侧。取模板中排在中间位置上的像素的灰度值替代待处理像素的值，就可以达到滤除噪声的目的。

中值滤波的算法原理：首先确定一个奇数像素的窗口 W，窗口内各像素按灰度大小排队后，用其中间位置的灰度值代替原 $f(x,y)$ 灰度值成为窗口中心的灰度值 $g(x,y)$。

$$g(x,y) = \text{median}\{f(x-k,y-l), k,l \in W\} \tag{5.135}$$

式中，W 为选定窗口大小；$f(x-k,y-l)$ 为窗口 W 的像素灰度值，通常窗内像素为奇数，如图 5.39 所示。

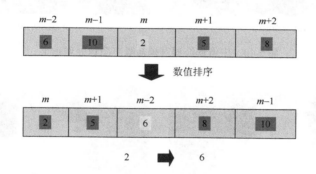

图 5.39　中值滤波器原理示意图

中值滤波的主要工作步骤为：

（1）将模板在图中漫游，并将模板中心与图中的某个像素位置重合。

（2）读取模板下各对应像素的灰度值。

（3）将模板对应的像素灰度值进行从小到大排序。

（4）选取灰度序列里排在中间的 1 个像素的灰度值。

（5）将这个中间值赋值给对应模板中心位置的像素，作为像素的灰度值。

例如，有一个序列为{0, 3, 4, 0, 7}，窗口是 5，则中值滤波重新排序后的序列是{0, 0, 3, 4, 7}，中值滤波的中间值为 3。此例若用平均滤波，窗口也是 5，那么平均滤波输出为(0+3+4+0+7)/5 = 2.8。

中值滤波比低通滤波消除噪声更有效。因为噪声多为尖峰状干扰，若用低通滤波虽能去除噪声但陡峭的边缘将被模糊。中值滤波能去除点状尖峰干扰而使边缘不会变坏。

含椒盐噪声图像的中值滤波器滤波效果如图 5.40 所示。

含高斯噪声图像的中值滤波器滤波效果如图 5.41 所示。

(a) 含噪图像　　　　　　　　　　　　　(b) 滤波后图像

图 5.40　中值滤波器对椒盐噪声图像处理效果

(a)含噪图像　　　　　　　　　　　　　(b) 滤波后图像

图 5.41　中值滤波器对高斯噪声图像处理效果

　　比较中值滤波器与均值滤波器，对于椒盐噪声，中值滤波效果比均值滤波效果好。原因是椒盐噪声是幅值近似相等但随机分布在不同位置上的噪声，图像中有干净点也有污染点，中值滤波是选择适当的点来替代污染点的值，所以处理效果好，因为噪声的均值不为 0，所以均值滤波不能很好地去除噪声点。对于高斯噪声，均值滤波效果比中值滤波效果好。原因是高斯噪声是幅值近似正态分布的噪声，但分布在每点像素上。因为图像中的每点都是污染点，所以中值滤波选不到合适的干净点，因为正态分布的均值为 0，所以均值滤波可以消除噪声（注意：实际上只能减弱，不能消除）。

3. 线性锐化滤波器

图像锐化的目的是加强图像中景物的细节边缘和轮廓。锐化的作用是使灰度反差增强。因为边缘和轮廓都位于灰度突变的地方，所以锐化算法的实现是基于微分作用。

图像细节的灰度分布特性如图 5.42 所示。

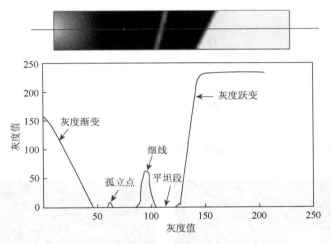

图 5.42　图像细节的灰度分布特性

锐化处理的目的是突出图像中的细节或者增强被模糊了的细节。锐化处理可以用空间微分来完成。微分算子的响应强度与图像在该点的突变程度有关，图像微分增强了边缘和其他突变（如噪声）而减弱了灰度变化缓慢的区域。最感兴趣的微分性质是恒定灰度区域（平坦段）、突变的开头与结尾（阶梯与斜坡突变）以及沿着灰度级斜坡处的特性。

对于一阶微分必须保证：在平坦段微分值为零；在灰度阶梯或斜坡的起点处微分值非零；沿着斜坡面微分值非零。

对于二阶微分必须保证：在平坦段微分值为零；在灰度阶梯或斜坡的起点处微分值非零；沿着斜坡面微分值为零。

图像细节的灰度变化微分特性如图 5.43 所示。

最简单的锐化滤波器是线性锐化滤波器，典型的线性锐化滤波方法为拉普拉斯算子。典型的线性锐化滤波器模板如下：

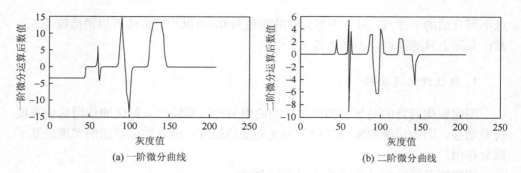

(a) 一阶微分曲线　　　　　　　　　　　(b) 二阶微分曲线

图 5.43　图像细节的灰度变化微分特性

$$\boldsymbol{H}_5 = \begin{bmatrix} 0 & -1 & 0 \\ -1 & 4 & -1 \\ 0 & -1 & 0 \end{bmatrix}$$

$$\boldsymbol{H}_6 = \begin{bmatrix} -1 & -1 & -1 \\ -1 & 8 & -1 \\ -1 & -1 & -1 \end{bmatrix} \tag{5.136}$$

线性锐化滤波器滤波效果如图 5.44 所示。

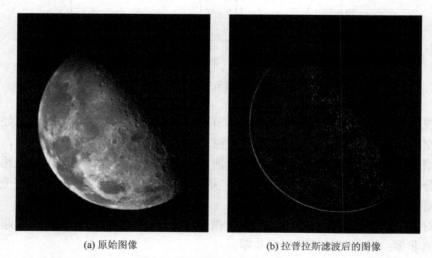

(a) 原始图像　　　　　　　　　　(b) 拉普拉斯滤波后的图像

图 5.44　线性锐化滤波器滤波效果

4. 非线性锐化滤波器

若要使图像的细节和边缘变得清晰，除了线性锐化外，非线性锐化也可以达到效果。常用的非线性锐化滤波方法有梯度算子和其他算子。

对于图像 $f(x,y)$，在其点 (x,y) 上的梯度是一个二维列向量，可定义为

$$\boldsymbol{G}[f(x,y)]=\begin{bmatrix}\dfrac{\partial f}{\partial x}\\[2mm]\dfrac{\partial f}{\partial y}\end{bmatrix}=[G_x\quad G_y]^{\mathrm{T}}=\begin{bmatrix}\dfrac{\partial f}{\partial x}&\dfrac{\partial f}{\partial y}\end{bmatrix}^{\mathrm{T}} \quad (5.137)$$

梯度的幅度（模值）为

$$|\boldsymbol{G}[f(x,y)]|=\sqrt{G_x^2+G_y^2}=\sqrt{\left(\dfrac{\partial f}{\partial x}\right)^2+\left(\dfrac{\partial f}{\partial y}\right)^2} \quad (5.138)$$

函数沿梯度的方向在最大变化率上的方向角 θ 为

$$\theta=\arctan\left[\dfrac{G_y}{G_x}\right]=\arctan\left[\dfrac{\dfrac{\partial f}{\partial y}}{\dfrac{\partial f}{\partial x}}\right] \quad (5.139)$$

在实际计算中，为了降低图像的运算量，常用绝对值或最大值代替平方和的平方根运算，所以近似梯度模值（幅度）为

$$|\boldsymbol{G}[f(x,y)]|=\sqrt{G_x^2+G_y^2}\approx|G_x|+|G_y|=\left|\dfrac{\partial f}{\partial x}\right|+\left|\dfrac{\partial f}{\partial y}\right| \quad (5.140)$$

对于数字图像处理，有两种二维离散梯度的计算方法，一种是典型梯度算法，它把微分近似用差分代替，沿 x 和 y 方向的一阶差分可写为

$$\begin{aligned}G_x&=\Delta_x f(i,j)=f(i+1,j)-f(i,j)\\ G_y&=\Delta_y f(i,j)=f(i,j+1)-f(i,j)\end{aligned} \quad (5.141)$$

由此得到典型梯度算法为

$$|\boldsymbol{G}[f(i,j)]|\approx|G_x|+|G_y|=|f(i+1,j)-f(i,j)|+|f(i,j+1)-f(i,j)| \quad (5.142)$$

式中，(i,j) 为当前像素点。或者为

$$|\boldsymbol{G}[f(i,j)]|\approx\max\{|G_x|,|G_y|\}=\max\{|f(i+1,j)-f(i,j)|,|f(i,j+1)-f(i,j)|\} \quad (5.143)$$

另一种方法称为 Robert 梯度的差分算法，其差分方程表示式为

$$\begin{cases} G_x = f(i+1, j+1) - f(i, j) \\ G_y = f(i, j+1) - f(i+1, j) \end{cases}$$ （5.144）

由此得到 Robert 梯度为

$$|\boldsymbol{G}[f(x,y)]| = \nabla f(i,j) \approx |f(i+1,j+1) - f(i,j)| + |f(i,j+1) - f(i+1,j)|$$ （5.145）

或者为

$$|\boldsymbol{G}[f(x,y)]| = \nabla f(i,j) \approx \max\{|f(i+1,j+1) - f(i,j)|, |f(i,j+1) - f(i+1,j)|\}$$
（5.146）

　　需要注意的是，对于一幅图像来说，处在最后一行或最后一列的像素是无法直接求得梯度的，所以对于这片区域的处理方法是用前一行或前一列的各点梯度值来代替。

　　分析梯度公式可知，其值与相邻像素的灰度差值成正比。在图像轮廓上，像素的灰度往往陡然变化，梯度值会很大；在图像灰度变化相对平缓的区域，梯度值较小；而在等灰度区域，梯度值为零。这就是为什么会使得图像细节清晰从而使图像达到锐化目的的本质。在实际应用中，对模板的基本要求是模板中心的系数为正，其余相邻系数为负，且所有的系数之和为零。例如，Robert 算子，计算 G_x 和 G_y 时使用的模板分别为

$$\boldsymbol{G}_x^1 = \begin{bmatrix} 1 & 0 \\ 0 & -1 \end{bmatrix}$$

$$\boldsymbol{G}_y^1 = \begin{bmatrix} 0 & 1 \\ -1 & 0 \end{bmatrix}$$ （5.147）

　　考虑到图像边界的拓扑结构性，根据这个原理派生出许多相关的方法。

　　单方向的一阶锐化是指对某个特定方向上的边缘信息进行增强。因为图像由水平、垂直两个方向组成，所以所谓的单方向锐化实际上包括水平方向与垂直方向上的锐化。

　　水平方向的锐化非常简单，通过一个可以检测出水平方向上的像素值的变化模板来实现，如图 5.45 所示。

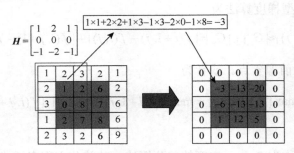

图 5.45　水平方向的锐化示意图

　　垂直锐化算法的设计思想与水平锐化算法的设计思想相同，通过一个可以检测出垂直方向上的像素值的变化模板来实现，如图 5.46 所示。

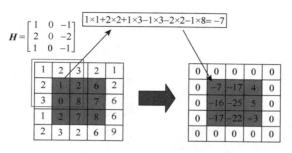

图 5.46　垂直方向的锐化示意图

　　图 5.45 和图 5.46 计算结果中出现了小于零的像素值，这种锐化算法需要进行后处理，以解决像素值为负的问题。后处理的方法不同，则得到的效果也就不同。

　　方法 1 是整体加一个正整数，以保证所有的像素值均为正，图 5.47 是该方法的一个例子。这样做的结果是可以获得类似浮雕的效果，如图 5.48 所示。

图 5.47　整体加一个正整数 20

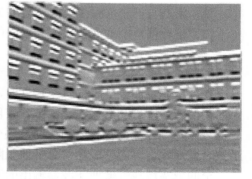

图 5.48　水平浮雕效果

　　方法 2 是将所有的像素值取绝对值，这样做的结果是可以获得对边缘的有方向提取。图 5.49 是该方法的一个例子，图 5.50 是该方法水平边缘的提取效果。

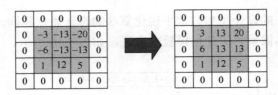

图 5.49　所有的像素值取绝对值

图 5.50　水平边缘的提取效果

5.4.4　频域滤波增强

图像增强除了可在空间域进行外，也可以在变换域进行，最常用的变换域是频域（频率域）。频域技术的基础是卷积理论。在频域对图像进行增强，效果是相当直观的，实际应用时，主要步骤如下：

（1）计算需增强图的傅里叶变换。

（2）将其与一个（根据实际需要的）转移函数相乘。

（3）进行傅里叶逆变换以得到增强的图。

1. 低通滤波器

在分析一幅图像信号的频率特性时，其中直流分量表示了图像的平均灰度，大面积的背景区域和缓慢变化部分代表图像的低频分量，而它的边缘、细节、跳跃部分以及颗粒噪声都代表图像的高频分量，因此，在频域中对图像采用滤波器函数衰减高频信息而使低频信息畅通无阻的过程称为低通滤波。

空间域实现线性低通滤波器输出的表达式为

$$g(x,y) = h(x,y) * f(x,y) \tag{5.148}$$

卷积定理在频域实现线性低通滤波器输出的表达式为

$$G(u,v) = H(u,v)F(u,v) \tag{5.149}$$

式中，$F(u,v)$ 是含有噪声图像的傅里叶变换；$G(u,v)$ 是平滑处理后图像的傅里叶变换；$H(u,v)$ 是传递函数。选择传递函数 $H(u,v)$，使 $F(u,v)$ 的高频分量得到衰减，得到 $G(u,v)$ 后再经反傅里叶变换就可以得到所希望的平滑图像 $g(x,y)$。

频域中的图像低通滤波处理流程图如图 5.51 所示。

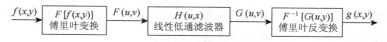

$$f(x,y) \rightarrow \boxed{\begin{array}{c} F[f(x,y)] \\ \text{傅里叶变换} \end{array}} \xrightarrow{F(u,v)} \boxed{\begin{array}{c} H(u,x) \\ \text{线性低通滤波器} \end{array}} \xrightarrow{G(u,v)} \boxed{\begin{array}{c} F^{-1}[G(u,y)] \\ \text{傅里叶反变换} \end{array}} \rightarrow g(x,y)$$

图 5.51　图像频域低通滤波流程框图

常用的低通滤波器有 4 种，分别是理想低通滤波器、巴特沃思低通滤波器、指数型低通滤波器和梯形低通滤波器。

1）理想低通滤波器

所谓理想低通滤波器，是指以截频 D_0 为半径的圆内的所有频率都能无损地通过，而在截频之外的频率分量完全被衰减。理想低通滤波器可以用计算机模拟实现，但却不能用电子元器件来实现。

一个理想的二维低通滤波器传递函数为

$$H(u,v) = \begin{cases} 1, & D(u,v) \leqslant D_0 \\ 0, & D(u,v) > D_0 \end{cases} \tag{5.150}$$

式中，D_0 为理想低通滤波器的截止频率，是一个非负数。理想是指小于等于 D_0 的频率可以完全不受影响地通过滤波器，而大于 D_0 的频率则完全通不过，因而 D_0 也被称为截断频率。理想低通滤波器只能在计算机中模拟实现，用实际的电子器件硬件实现从 1 到 0 的陡峭突变是不可能的。$D(u,v)$ 是从频率域的原点到（0,0）点的距离，即 $D(u,v) = \sqrt{u^2 + v^2}$。$H(u,v)$ 的一个剖面和透视图如图 5.52 所示。

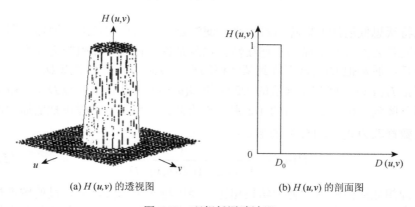

(a) $H(u,v)$ 的透视图　　　　　　　　(b) $H(u,v)$ 的剖面图

图 5.52　理想低通滤波器

理想低通滤波器平滑处理的概念是清晰的，但在处理过程中会产生较严重的模糊和振铃现象，这种现象正是由傅里叶变换的性质决定的。由卷积定理可知，在空域中是一种卷积关系，即 $g(x,y) = h(x,y) * f(x,y)$，式中 $g(x,y)$、$h(x,y)$、$f(x,y)$ 分别是 $G(u,v)$、$H(u,v)$、$F(u,v)$ 的傅里叶反变换。既然 $H(u,v)$ 是理想的矩形特性，那么它的反变换 $h(x,y)$ 的特性必然会产生无限的振铃特性。与 $f(x,y)$ 卷积后则给 $g(x,y)$ 带来模糊和振铃现象，D_0 越小这种现象越严重，当然，其平滑效果也就越差，这是理想低通不可克服的弱点。

2）巴特沃思低通滤波器

一个 n 阶的巴特沃思低通滤波器如图 5.53 所示，截断频率为 D_0 的巴特沃思低通滤波器传递函数为

$$H(u,v) = \frac{1}{1 + [D(u,v) / D_0]^{2n}} \qquad (5.151)$$

式中，$D(u,v)$ 的值由 $D(u,v) = \sqrt{u^2 + v^2}$ 决定。

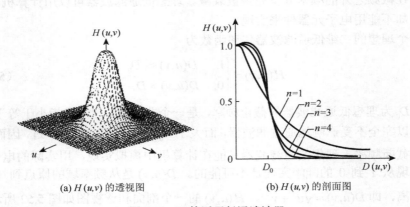

(a) $H(u,v)$ 的透视图　　　　　　　(b) $H(u,v)$ 的剖面图

图 5.53　巴特沃思低通滤波器

巴特沃思低通滤波器称为最大平坦滤波器。它与理想低通滤波器不同，它的通带与阻带之间没有明显的不连续性。也就是说，在通带和阻带之间有一个平滑的过渡带。通常把 $H(u,v)$ 下降到某一值的那一点定为截止频率点 D_0。

可把 $H(u,v)$ 下降到原来值的 1/2 时的 $D(u,v)$ 定为截止频率点 D_0，一般情况下常采用下降到 $H(u,v)$ 最大值的 1/2 那一点为截止频率点。这样可把低通滤波器的传递函数修改为式（5.152）的形式：

$$H(u,v) = \frac{1}{1 + [\sqrt{2} - 1][D(u,v) / D_0]^{2n}} \qquad (5.152)$$

与理想低通滤波器的处理结果相比，经巴特沃思滤波器处理过的图像模糊程度会大大减少，因为它的 $H(u,v)$ 不是陡峭的截止特性，它的尾部会包含大量的高

频成分。另外，经巴特沃思低通滤波器处理的图像将不会有振铃现象，这是由于在滤波器的通带和阻带之间有一平滑过渡。由于图像信号本身的特性，在卷积过程中的折叠误差也可以忽略掉。由此可知，巴特沃思低通滤波器的处理结果比理想滤波器好。

3）指数型低通滤波器

在图像处理中常用的另一种平滑滤波器是指数型低通滤波器。它的传递函数用式（5.153）表示：

$$H(u,v) = e^{-\left[\frac{D(u,v)}{D_0}\right]^n} \tag{5.153}$$

式中，D_0 为截止频率；$D(u,v)$ 的值由 $D(u,v) = \sqrt{u^2 + v^2}$ 决定；n 是决定衰减率的系数。从式（5.153）可见，如果 $D(u,v) = D_0$，则 $H(u,v) = 1/e$。

如果仍然把截止频率定在 $H(u,v)$ 最大值的 1/2 处，那么式（5.153）可作如下修改：

$$H(u,v) = e^{\left[\ln\frac{1}{\sqrt{2}}\right]\left[\frac{D(u,v)}{D_0}\right]^n} = e^{-0.374\left[\frac{D(u,v)}{D_0}\right]^n} \tag{5.154}$$

指数型低通滤波器传递函数图如图 5.54 所示。

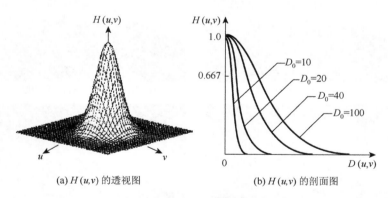

(a) $H(u,v)$ 的透视图　　　　　　(b) $H(u,v)$ 的剖面图

图 5.54　指数型低通滤波器传递函数

由于指数型低通滤波器有更快的衰减率，所以经指数型低通滤波器处理的图像比巴特沃思低通滤波器处理的图像稍模糊一些。由于指数型低通滤波器的传递函数也有较平滑的过渡带，所以图像中也没有振铃现象。

4）梯形低通滤波器

梯形低通滤波器传递函数的形状介于理想低通滤波器和具有平滑过渡带的低通滤波器之间。它的传递函数由式（5.155）表示：

$$H(u,v) = \begin{cases} 1, & D(u,v) < D_0 \\ \dfrac{1}{[D_0 - D_1]}[D(u,v) - D_1], & D_0 \leqslant D(u,v) \leqslant D_1 \\ 0, & D(u,v) > D_1 \end{cases} \quad (5.155)$$

式中，$D(u,v) = \sqrt{u^2 + v^2}$，在规定 D_0 和 D_1 时要满足 $D_0 < D_1$ 的条件。一般为了方便，把传递函数的第一个转折点 D_0 定义为截止频率，第二个变量 D_1 可以任意选取，只要 D_1 大于 D_0 就可以。

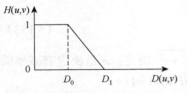

图 5.55　梯形低通滤波器传递函数

梯形低通滤波器传递函数的示意图如图 5.55 所示。

由于梯形低通滤波器的传递函数特性介于理想低通滤波器和具有平滑过渡带滤波器之间，所以其处理效果也介于两者中间。梯形低通滤波法的结果有一定的振铃现象。

常见的频域低通滤波器的滤波效果如图 5.56 所示。

(a) 含高斯噪声的图像

(b) 巴特沃思低通滤波后的图像

(c) 指数型低通滤波后的图像

(d) 梯形低通滤波后的图像

图 5.56　频域低通滤波器对比

2. 高通滤波器

由于图像中的边缘、线条等细节部分与图像频谱中的高频分量相对应，在频域中用高通滤波器处理能够使图像的边缘或线条变得清晰，图像得到锐化。高通滤波器衰减傅里叶变换中的低频分量，通过傅里叶变换中的高频信息。因此，采用高通滤波的方法让高频分量顺利通过，使低频分量受到抑制，就可以增强高频的成分。

图像的边缘、细节主要在高频，图像模糊是由高频成分较弱产生的。为了消除模糊、突出边缘，可以采用高通滤波的方法，使低频分量得到抑制，从而增强高频分量，使图像的边缘或线条变得清晰，实现图像的锐化。

常用的四种频域高通滤波器传递函数 $H(u,v)$ 如图 5.57 所示。

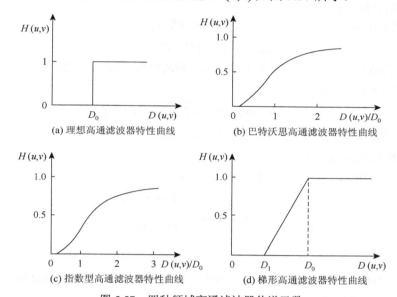

(a) 理想高通滤波器特性曲线　　(b) 巴特沃思高通滤波器特性曲线

(c) 指数型高通滤波器特性曲线　　(d) 梯形高通滤波器特性曲线

图 5.57　四种频域高通滤波器传递函数

1）理想高通滤波器

滤波器转移函数：

$$H(u,v) = \begin{cases} 0, & D(u,v) \leqslant D_0 \\ 1, & D(u,v) > D_0 \end{cases} \tag{5.156}$$

式中，D_0 为频率平面上从原点算起的截止距离，也称为截止频率；$D(u,v) = \sqrt{u^2 + v^2}$ 是频率平面点 (u,v) 到频率平面原点 $(0,0)$ 的距离。

理想高通滤波器在形状上和理想低通滤波器刚好相反，但与理想低通滤波器一样，无法用实际的电子器件实现。

2）巴特沃思高通滤波器

n 阶高通具有 D_0 截止频率的巴特沃思高通滤波器滤波函数定义如下：

$$H(u,v) = 1/[1 + (D_0 / D(u,v))]^{2n} \tag{5.157}$$

式中，D_0 为截止频率；$D(u,v) = \sqrt{u^2 + v^2}$ 是频率平面点 (u,v) 到频率平面原点 $(0,0)$

的距离。当 $D(u,v) = D_0$ 时，$H(u,v)$ 下降到最大值的 $1/2$。

当选择截止频率为 D_0 时，要求使该点处的 $H(u,v)$ 下降到最大值的 $1/\sqrt{2}$，可用式（5.158）表示：

$$H(u,v) = \frac{1}{1+(\sqrt{2}-1)[(D_0/D(u,v))]^{2n}} \qquad (5.158)$$

3）指数型高通滤波器

具有截止频率为 D_0 的指数型高通滤波器的转移函数定义为

$$H(u,v) = \exp[-(D_0/D(u,v))^n] \qquad (5.159)$$

式中，D_0 为截止频率；变量 n 控制着从原点到距离函数 $H(u,v)$ 的增长率。$D(u,v) = D_0$ 可采用式（5.160）表示：

$$H(u,v) = \exp\{\ln(1/\sqrt{2})[D_0/D(u,v)]^n\} \qquad (5.160)$$

它可使 $H(u,v)$ 在截止频率 D_0 时等于最大值 $1/\sqrt{2}$。

4）梯形高通滤波器

梯形高通滤波器的滤波函数由式（5.161）表示：

$$H(u,v) = \begin{cases} 0, & D(u,v) < D_1 \\ \dfrac{D(u,v)-D_1}{D_0-D_1}, & D_1 \leqslant D(u,v) \leqslant D_0 \\ 1, & D(u,v) > D_0 \end{cases} \qquad (5.161)$$

式中，D_0 为截止频率；D_1 为 0 截止频率，频率低于 D_1 的频率全部衰减。D_1 可以是任意的，只要满足 $D_0 > D_1$ 即可。

比较四种高通滤波器，理想高通滤波器有明显振铃，图像的边缘模糊不清；巴特沃思高通滤波器效果较好，振铃不明显，但计算复杂；指数型高通滤波器效果比巴特沃思高通滤波器差些，但振铃也不明显；梯形高通滤波器的效果是微有振铃，但计算简单，故较常使用。四种高通滤波器滤波效果对比如图 5.58 所示。

(a) 加入高斯噪声后的图像　　　　　　　　(b) 巴特沃思高通滤波后的图像

(c) 指数型高通滤波后的图像　　　　　　　(d) 梯形高通滤波后的图像

图 5.58　四种高通滤波器滤波效果对比

3. 带阻滤波器和带通滤波器

低通滤波和高通滤波分别消除或减弱图像中的高频和低频分量。实际应用时，也可通过滤波消除或减弱图像中的某个频段范围内的分量，这种滤波器称为带阻滤波器。与带阻滤波器密切相关的是带通滤波器。

1）带阻滤波器

带阻滤波器阻止一定范围内的信号通过而允许其他频率范围内的信号通过。若使得频率范围的下限为 0（上限不为 0），则带阻滤波器成为高通滤波器；若上下限相反，则成为低通滤波器。换句话说，高通滤波器和低通滤波器是带阻滤波器的特例。用来消除以频率原点为中心的邻域的带阻滤波器是反射对称的。

此反射对称的理想带阻滤波器的转移函数是

$$h(u,v)=\begin{cases}1, & D(u,v)<D_0-W/2 \\ 0, & D_0-W/2\leqslant D(u,v)\leqslant D_0+W/2 \\ 1, & D(u,v)>D_0+W/2\end{cases} \tag{5.162}$$

式中，W 为带的宽度；D_0 为放射中心。

常用的两个反射对称的带阻滤波器是 n 阶巴特沃思带阻滤波器和高斯带阻滤波器，它们的转移函数分别为

$$H(u,v)=1/\left\{1+\left[\frac{D(u,v)W}{D^2(u,v)-D_0^2}\right]^{2n}\right\} \tag{5.163}$$

$$H(u,v)=1-\exp\left\{-\frac{1}{2}\left[\frac{D^2(u,v)-D_0^2}{D(u,v)W}\right]^2\right\} \tag{5.164}$$

2）带通滤波器

带通滤波器和带阻滤波器是互补的，如果设 $H_R(u,v)$ 为带阻滤波器的转移函

数，那么对应的带通滤波器 $H_{\mathrm{p}}(u,v)$ 只需将 $H_{\mathrm{R}}(u,v)$ 翻转即可，由此得其传递函数为

$$H_{\mathrm{p}}(u,v) = -[H_{\mathrm{R}}(u,v)-1] = 1 - H_{\mathrm{R}}(u,v) \tag{5.165}$$

低通滤波器和高通滤波器也可以看作带通滤波器的特例。

4. 同态滤波器

一幅图像 $f(x,y)$ 能够用它的入射光分量和反射光分量来表示，其关系式如下：

$$f(x,y) = i(x,y)r(x,y) \tag{5.166}$$

图像 $f(x,y)$ 是由光源产生的照度场 $i(x,y)$ 和目标的反射系数场 $r(x,y)$ 的共同作用产生的。该模型可作为频率域中同时压缩图像的亮度范围和增强图像的对比度的基础。但在频率域中不能直接对照度场和反射系数场频率分量分别进行独立操作。

如果定义：

$$F\{z(x,y)\} = F\{\ln f(x,y)\} = F\{\ln i(x,y)\} + F\{\ln r(x,y)\}$$

则有 $z(x,y) = \ln f(x,y) = \ln i(x,y) + \ln r(x,y)$，或者 $Z(u,v) = I(u,v) + R(u,v)$，这里 $I(u,v)$ 以及 $R(u,v)$ 分别是 $\ln i(x,y)$ 和 $\ln r(x,y)$ 的傅里叶变换。

同态滤波方法就是利用上式的形式将图像中的照明分量和反射分量分开。这样同态滤波函数就可以分别作用在这两个分量上。图像中的照明分量往往具有变化缓慢的特征，而反射分量则倾向于剧烈变化，特别在不同物体的交界处。由于这种特征，图像的自然对数的傅里叶变换的低频分量与照明分量相联系，而其高频分量则与反射分量相联系。

同态滤波处理过程如图 5.59 所示。

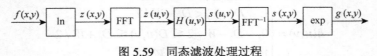

图 5.59　同态滤波处理过程

$H(u,v)$ 对图像中的低频和高频分量有不同的影响，所以称为同态滤波。同态滤波器函数的径向剖面如图 5.60 所示。

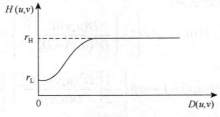

图 5.60　同态滤波器函数的径向剖面

第6章　随机共振理论及图像的随机共振

6.1　随　机　噪　声

随机噪声是一种前后独立的平衡随机过程，在任何时刻它的幅度、波形及相位都是随机的。随机噪声通常表现为微观运动对宏观演化过程杂乱无章的作用，反映了微观粒子的运动对宏观变量的影响。噪声粒子的运动过程是高速、无规则、不可预测的，单个噪声粒子的运动服从经典动力学理论，但众多噪声粒子的集体行为所表现出来的宏观特性服从一定的统计分布规律。

6.2　随机共振理论

6.2.1　概述

随机共振是近年来发展起来的非线性系统学科分支，它的概念最早由意大利人 Benzi 和 Nicolis 在 1981 年提出，用以解释地球上冰川期以 10 万年为周期的循环变化现象。1983 年，Fauve 等证实了在施密特触发电路中存在随机共振现象，而后研究人员更加重视如何利用随机共振现象提高系统的输出信噪比[19]。目前随机共振理论已经应用到生物医学、化学反应、信息通信、光学超导、电子机械等工程领域，虽然随机共振的研究还处于初级阶段，理论还不完善，但是随机共振方法与传统检测方法的区别在于它是利用噪声而不是消除噪声来达到信号检测的目的。这种方法能有效降低信号检测下限，且易于硬件实现，可大幅度降低检测成本，因此对它深入研究对于指导随机共振效应更好地在工程中应用起到重要作用。

随机共振的基本含义是指一个非线性双稳系统，仅在小周期信号或弱噪声驱动下不足以使系统的输出在两个稳态之间跳跃，而在弱噪声和小周期调制信号共同作用下，随着输入噪声强度的增加，系统输出功率谱中调制信号的频率处出现一个峰值。当噪声强度达到某一适当值时，输出信号的峰值达到最大。以后随着噪声强度的增强，输出信号的峰值逐渐减小。显然，随机共振已不具有力学上共振的传统含义，使用"共振"一词仅仅为突出或强调信号、噪声及系统非线性三者之间的某种最佳匹配和协作作用。

随机共振现象具有如下特点：输入到非线性系统的微弱输入信号，因噪声的协同作用而被放大，并使输出达到最优化。这种协同作用包括微弱输入信号、噪声源（系统内噪声或外噪声）以及触发门限。此时随噪声强度的变化，系统出现类似力学中"共振"的现象。

6.2.2　随机共振内在机制研究

双稳态系统是最典型的非线性系统，在随机共振内在机制的研究中常以双稳态系统中的朗之万方程作为研究对象。

由朗之万方程描述的双稳态系统模型如下：

$$\frac{\mathrm{d}x}{\mathrm{d}t} = ax - bx^3 + f(t) + \varepsilon(t) \tag{6.1}$$

式中，系数 $a > 0$，$b > 0$ 是描述势阱系统的形状参数；$f(t)$ 是系统的无噪输入信号；$\varepsilon(t)$ 是系统的输入噪声。

朗之万方程描述的双稳态系统的势函数如下：

$$U(x) = -\frac{a}{2}x^2 + \frac{b}{4}x^4 - x \cdot [f(t) + \varepsilon(t)] \tag{6.2}$$

势函数和朗之万方程的关系如下：

$$\frac{\mathrm{d}x}{\mathrm{d}t} = -\frac{\mathrm{d}U(x)}{\mathrm{d}x} \tag{6.3}$$

势函数 $U(x)$ 描述了一个由两个势阱和一个势垒组成的双稳态系统，系统输出信号受输入信号的幅值和外加噪声强度影响而产生相应的变化。

当系统的输入信号和噪声均为零时，即 $f(t) = 0, \varepsilon(t) = 0$ 时双稳态系统存在两个对称的势阱，且分别对应着系统的两个稳定状态，如图 6.1 所示。双稳态系统

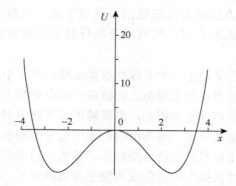

图 6.1　$f(t) = 0, \varepsilon(t) = 0$ 时双稳态系统势函数

势函数 $U(x)$ 的极小值点对应系统的两个阱底。由 $\dfrac{\mathrm{d}U(x)}{\mathrm{d}x} = -ax + bx^3 = 0$ 得出阱底

分别位于两点：$x_m^+ = \sqrt{\dfrac{a}{b}}$ 和 $x_m^- = -\sqrt{\dfrac{a}{b}}$ 。$U(x_m) = -\dfrac{a^2}{4b}$ ，即势垒高度 $\Delta U = \dfrac{a^2}{4b}$ 。

当双稳态系统输入单频率周期信号 $f(t) = A\sin(\omega t + \varphi)$ ，相应的朗之万方程为

$$\frac{\mathrm{d}x}{\mathrm{d}t} = ax - bx^3 + A\sin(\omega t + \varphi) + \varepsilon(t) \qquad (6.4)$$

由势函数描述的双稳态系统方程为

$$U(x,t) = -\frac{a}{2}x^2 + \frac{b}{4}x^4 - x \cdot [A\sin(\omega t + \varphi) + \varepsilon(t)] \qquad (6.5)$$

噪声信号 $\varepsilon(t) = 0$ 时，系统阈值 A_c 可根据势函数的极点、拐点重合条件得出，

即根据 $U'(x,t) = 0, U''(x,t) = 0$ 得出 $A_c = \sqrt{\dfrac{4a^3}{27b}}$ 。

输入信号 $f(t)$ 的幅值满足 $|A| > A_c$ 时，$f(t)$ 称为阈值上信号；输入信号 $f(t)$ 的幅值满足 $|A| < A_c$ 时，$f(t)$ 称为阈值下信号。当输入信号为阈值上信号时，双稳态系统只有一个势阱，当输入信号为阈值下信号时，双稳态系统有两个不对称的势阱。此时系统状态 $U(x)$ 随 $f(t)$ 的调制而变化，但是由于质点无法从系统的输入信号 $f(t)$ 得到足够的能量完成从一个势阱到另一个势阱的跃迁，系统的输出信号只能在某一个稳态值附近振荡而无法在两个稳态值之间翻转。如图 6.2 所示。

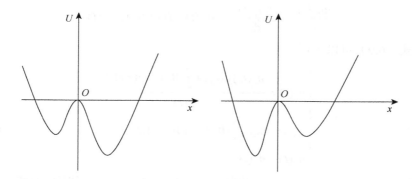

图 6.2　阈值下输入信号时双稳态系统势函数

当噪声信号 $\varepsilon(t) \neq 0$ 时，质点在 $f(t)$ 和 $\varepsilon(t)$ 的双重驱动下可以完成从一个势阱到另一个势阱的跃迁，系统输出信号可以在两个稳态值之间翻转。用 D 表示噪声 $\varepsilon(t)$ 的强度，当噪声强度 D 较小时质点发生跃迁的概率较低，随着噪声强度 D 的增大质点发生跃迁的概率也随之增大，当噪声强度 D 增大到某一值时质点发生跃迁的频率正好等于输入信号 $f(t)$ 的频率，此时系统发生随机共振，输出信噪比达

到最大值。如果噪声强度 D 继续增大则质点杂乱无章地在两个势阱之间频繁跃迁，系统输出无法辨识。

6.2.3　经典随机共振理论

1. 绝热近似理论

绝热近似条件是一种理想状态，是指系统与外部环境没有能量交换。随机共振系统的绝热近似条件是输入信号满足幅值 $A \ll 1$、频率 $\omega \ll 1$、噪声强度 $D \ll 1$。

定义双稳态系统势函数曲线以不稳定点 $x = 0$ 为分界点划分为两个区域，$(-\infty, 0)$ 称为负势阱，$(0, +\infty)$ 称为正势阱。$n_+(t)$ 是 t 时刻系统处于正势阱中稳态点 x_m^+ 的概率，$n_-(t)$ 是 t 时刻系统处于负势阱中稳态点 x_m^- 的概率，用公式表达即为

$$n_+(t) = P[x(t) = x_m^+] \tag{6.6}$$

$$n_-(t) = P[x(t) = x_m^-] \tag{6.7}$$

由于双稳态系统只有两个稳定状态，故满足：

$$n_+(t) + n_-(t) = 1 \tag{6.8}$$

定义双稳态系统受外部周期信号的作用下从 $(0, +\infty)$ 出发的交换概率密度函数为 $W_+(t)$，从 $(-\infty, 0)$ 出发的交换概率密度函数为 $W_-(t)$。系统输出在正负势阱之间的转换概率可以表示为

$$\frac{\mathrm{d}n_-(t)}{\mathrm{d}t} = -\frac{\mathrm{d}n_+(t)}{\mathrm{d}t} = -W_-(t)n_-(t) + W_+(t)n_+(t) \tag{6.9}$$

由式（6.9）可以求得

$$\begin{cases} n_+(t) = \dfrac{n_+(t_0)g(t_0) + \int_{t_0}^{t} W_-(\tau)g(\tau)\mathrm{d}\tau}{g(t)} \\ g(t) = \exp\left[\int_{t_0}^{t} [W_-(\tau) + W_+(\tau)]\mathrm{d}\tau\right] \\ n_+(t) + n_-(t) = 1 \end{cases} \tag{6.10}$$

设 $W_\pm(t) = f(\alpha \pm \beta \cos(\omega_0 t))$，其中 $\omega_0 = 2\pi f_0$，α 是双稳态系统的势垒相对于噪声的无量纲量，β 是表示与信号强度有关的无量纲量。对 $W_\pm(t)$ 以小参数 $\bar{\beta} = \beta \cos(\omega_0 t)$ 进行泰勒级数展开有

$$W_\pm(t) = \frac{1}{2}(\alpha_0 \mp \alpha_1 \beta \cos(\omega_0 t) + \alpha_2 \beta^2 \cos^2(\omega_0 t) \mp \cdots) \tag{6.11}$$

式中，$\dfrac{1}{2}\alpha_0 = f(\alpha)$，$\dfrac{1}{2}\alpha_n = \dfrac{(-1)^n}{n!} \cdot \dfrac{\mathrm{d}^n f(\alpha)}{\mathrm{d}\bar{\beta}^n}$，$n = 1, 2, \cdots$。

忽略 $W_{\pm}(t)$ 泰勒级数展开式中 2 次及 2 次以上的高阶项，代入式（6.10）后得出 $t_0 \to -\infty$ 时的渐进解是一个与 t_0 时刻的初始分布无关的量，即

$$n_{\pm}^s(t) = \lim_{x \to -\infty} n_{\pm}(t) = \frac{1}{2}\left[1 \pm \frac{W_1 \beta \cos(\omega t - \theta)}{\sqrt{W_0^2 + \omega_0^2}}\right] \tag{6.12}$$

设双稳态系统在两个稳态之间的交换概率密度函数具有 Kramers 速率形式：

$$W_{\pm}(t) = \frac{a}{\sqrt{2\pi}} \exp\left(-\frac{\Delta U \pm A x_m \cos(\omega_0 t)}{D}\right) \tag{6.13}$$

令 $\alpha = \dfrac{\Delta U}{D}$，$\beta = A \cdot \dfrac{x_m}{D}$ 则

$$W_{\pm}(t) = \frac{a}{\sqrt{2\pi}} \exp-(\alpha \pm \beta \cos(\omega_0 t)) \tag{6.14}$$

比较式（6.14）与式（6.11）可以计算出 $\alpha_0 = \dfrac{\sqrt{2}a}{\pi} e^{-\frac{\Delta U}{D}}$，$\alpha_1 = \alpha_0$。

双稳态系统的输出信号功率谱为

$$S(\omega) = \left(1 - \frac{\dfrac{a^2 A^2 x_m^2 e^{\frac{2\Delta U}{D}}}{\pi^2 D^2}}{\dfrac{2a^2}{\pi^2} e^{\frac{2\Delta U}{D}} + \omega_0^2}\right) \cdot \frac{\dfrac{2\sqrt{2} a x_m^2 e^{\frac{\Delta U}{D}}}{\pi}}{\dfrac{2a^2}{\pi^2} e^{\frac{2\Delta U}{D}} + \omega^2} + \frac{\dfrac{a^2 A^2 x_m^2 e^{\frac{2\Delta U}{D}}}{\pi^2 D^2}}{\dfrac{2a^2}{\pi^2} e^{\frac{2\Delta U}{D}} + \omega_0^2} \cdot \delta(\omega - \omega_0) \tag{6.15}$$

由式（6.15）可以看出输出信号功率谱由两项组成，第一项是对噪声的响应功率谱，具有连续洛伦兹（Lorentz）分布的形式，第二项是对信号的响应功率谱，是在特征频率 f_0 处的 δ 函数形式。

系统输出信噪比为

$$\mathrm{SNR} = \frac{\sqrt{2} a A^2 x_m^2}{4D^2} \cdot e^{-\frac{\Delta U}{D}} \cdot \left(1 - \frac{\dfrac{a^2 A^2 x_m^2 e^{\frac{2\Delta U}{D}}}{\pi^2 D^2}}{\dfrac{2a^2}{\pi^2} e^{\frac{2\Delta U}{D}} + \omega_0^2}\right)^{-1} \tag{6.16}$$

$$\approx \frac{\sqrt{2} a A^2 x_m^2}{4D^2} \cdot e^{-\frac{\Delta U}{D}}$$

设系统参数 $a = 2$、$b = 1$，周期输入信号的幅值为 $A = 1$，则噪声强度与系统输出信号信噪比的关系曲线如图 6.3 所示。

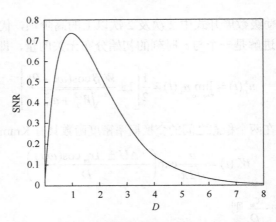

图 6.3　噪声强度 D 与系统输出信号信噪比 SNR 的关系曲线

　　由式（6.16）得出的噪声强度与信噪比的关系曲线是典型的单峰函数，开始时随着噪声强度递增信噪比也随之递增，到达最大值后随着噪声强度的递增信噪比值呈递减趋势，这种特性是随机共振现象在频域的一个主要特性，与 6.2.2 节中讨论的随机共振内在机制是相符合的。绝热近似理论从理论上证明了噪声强度、信噪比和非线性系统之间的这种协同作用，证明了通过添加噪声的方法可以提高输出信号的质量。

2. 驻留时间分布理论

　　对于双稳态系统，当输入信号为低频信号时系统输出在两个稳态之间跃迁的过程可以用二值化模型等效，如图 6.4 所示。

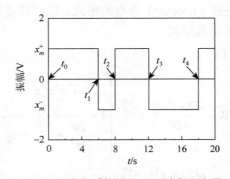

图 6.4　双稳态系统输出跃迁过程示意图

　　如图 6.4 所示，t_0 时刻双稳态系统输出处于正势阱稳态点 x_m^+ 并保持状态一直到 t_1 时刻，t_1 时刻双稳态系统输出状态发生跃迁后处于负势阱稳态点 x_m^- 并保持状

态一直到 t_2 时刻，t_2 时刻双稳态系统输出状态发生跃迁后处于正势阱稳态点 x_m^+ 并保持状态一直到 t_3 时刻，……，依此类推。定义连续两个跃迁发生的时间间隔 $T_i = t_i - t_{i-1}$ 为系统输出在某个稳态中的驻留时间，也称逃逸时间。

1990 年 Zhou 和 Moss 提出了驻留时间分布理论[20]，后来，Gammaitoni 等进一步研究了驻留时间的概率分布估计[21]。概率分布函数揭示了随机共振在时域上的输入输出同步化特征。

基于上述二值简化模型的系统输出在某一稳定状态驻留时间的概率分布近似服从泊松分布：

$$N(T) = \frac{e^{\frac{T}{2T_k}}}{2T_k} \tag{6.17}$$

式中，T_k 是 Kramers 速率 μ_k 的倒数，即 $T_k = \dfrac{1}{\mu_k}$。

由于二值简化模型具有对称性，因此，双稳态系统输出处于正势阱稳态点 x_m^+ 和处于负势阱稳态点 x_m^- 的概率密度函数相等，设该概率密度函数为 $N(T)$，定义为

$$N(T) = N_0 \int_0^{T_\Omega} P_\pm(t_0 + T | t_0) Y_\pm(t_0) \mathrm{d}t_0 \tag{6.18}$$

式中，N_0 是概率密度函数的归一化常数；$Y_\pm(t_0)$ 表示系统输出在 t_0 时刻进入某一状态的概率；$P_\pm(t_0 + T | t_0)$ 表示 t_0 时刻系统输出处于某一状态，在 $t_0 + T$ 时刻离开该状态进入另一状态的概率密度函数；T_Ω 是输入信号的周期。

当双稳态系统输入周期信号时驻留时间概率密度函数 $N(T)$ 呈指数衰减趋势，如图 6.5 所示，输入信号中的噪声引起该衰减，且双稳态系统输出在奇数倍半周期处出现的概率明显高于其他时刻。

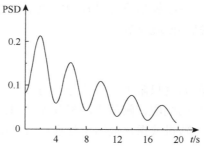

图 6.5　双稳态系统驻留时间概率分布图

6.2.4　非经典随机共振理论

随着随机共振理论研究的不断深入以及随机共振应用的不断拓展，越来越多

的非经典随机共振理论不断涌现，如非周期随机共振、级联双稳态随机共振、单稳态随机共振、多稳态随机共振、阈值上随机共振、参数调节随机共振等。以下简单介绍几种非经典随机共振理论。

1. 非周期随机共振

非周期随机共振的概念是 1995 年由 Boston 大学的 Collins 教授提出的，Collins 等在研究可激神经模型利用平均互信息量这一信息理论的测度方法时[22]，Hu 等在利用电子线路模拟研究脉冲非周期信号时依据高斯噪声概率分布以及大数定律得出信息的接受率时[23]，都发现了非周期输入信号的随机共振现象。

非周期随机共振的出现解决了传统的随机共振只适用于周期性输入信号的难题，完善了随机共振理论的同时也拓展了随机共振的应用领域，并在真正意义上开始与信息理论相结合并把随机共振理论应用于信号处理、通信、雷达、生物系统、医学图像处理和光学等生产生活领域。

2. 级联双稳态随机共振

级联双稳态系统更适用于对时域信号的处理，它具有去除高频毛刺的特性，可以在一定程度上突出波形轮廓。级联双稳态随机共振系统利用各级级联输出不断地将高频能量向低频转移使得对低频微弱信号的特征检测效果显著。

3. 单稳态、多稳态随机共振

随机共振现象的早期研究都是基于双稳态系统，后来在研究欠阻尼的 Duffing 振荡方程时首先发现了单稳态系统也存在着随机共振现象。随后在不同的单稳态系统中也陆续被证实存在随机共振现象，最后多稳态系统随机共振现象也被发现和证实，例如，在磁盘子系统模型研究过程中发现了随机共振现象，在阈值系统的研究过程中发现了随机共振现象等。

4. 阈值上随机共振

最初对于随机共振的研究只限于阈下信号，对于阈上信号一般认为噪声的存在不利于系统对输入信号的响应。阈值上随机共振的概念是对经典随机共振理论的一个补充。目前阈值上随机共振常被用于处理语言、图像等的复原。

5. 参数调节随机共振

传统的随机共振是在系统参数固定的条件下通过调节系统添加噪声的强度而使得系统的输入信号和噪声产生随机共振使系统输出达到最优。而参数调节随机共振是在给定的输入信号下固定噪声强度的大小，通过调节系统的参数产生随机共振使输出达到最优。这一理论随后被更多人进一步研究且在随机共振理论中具有重要意义。

6.3　图像随机共振中的问题

随着随机共振应用的不断深入，其所涉及的领域也日益增多，逐步扩展到了数字图像处理领域。如 Ye 等[24]利用双稳系统实现了图像直流分量的增强，另外在阈值系统中，Marks 等[25]发现通过向图像添加适当强度的噪声可以使图像更加符合人的视觉特征，张莹等[26]提出了双稳态系统随机共振能够改变信号的直方图分布，从而将双稳态系统随机共振用于二维图像的处理。这些研究都表明双稳态系统随机共振可以用于图像信号的处理。

根据绝热近似理论或线性响应理论，系统的输入应满足随机共振的小参数要求。实际含噪二维灰度图像的灰度值范围通常是[0, 255]。为满足随机共振小参数的要求，首先将其归一化，即让输入图像灰度范围归一化为[0, 1]。这种归一化既满足随机共振的小参数要求，又不会引起图像信息的丢失。图像归一化如图 6.6 和图 6.7 所示，归一化前后直方图如图 6.8 和图 6.9 所示。

图 6.6　原图像

图 6.7　归一化图像

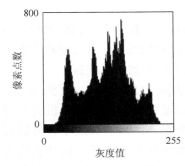

图 6.8　原图像直方图

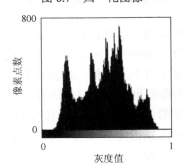

图 6.9　归一化后直方图

需要说明的是，图像经过双稳 SR 后，噪声能量向图像信号转移，有时会使得图像的灰度值超出了区间[0, 1]，导致其结果矩阵不一定能够显示为一幅图像，需要将这个结果矩阵进行归一化处理，转换为灰度图像。归一化后的灰度图像其灰度值可能分布在某个很窄的灰度区域内，对比度很弱，图像细节不清晰。通过线性映射可以使分布密集的灰度区域重新均化到[0, 1]，拉大图像的对比度，使图像的直方图均匀化，那么图像的细节又会变得清晰可辨，这个过程称为"归一均化"过程。线性归一化是对原图像进行的，不会导致信息的丢失。归一均化是对随机共振后的图像进行的处理，会导致少量信息的丢失。

图像是二维分布的信息，其坐标轴是二维空间坐标轴，图像本身所在的域称为空间域，图像灰度值随空间坐标变化的快慢用空间频率来表示，称为空间频率。图像在 x 和 y 方向上具有大小不同的阵列，且任一像素的灰度值都与周围的像素相关联，所以存在 x 方向和 y 方向两个空间频率和空间采样频率。

定义空间采样频率 f_s 为单位尺寸内的采样像素点数，单位为像素/毫米（pixel/mm），图像随机共振处理的计算步长为 $h = 1/f_s$。根据变尺度随机共振方法可以对计算步长进行缩放，选择合适的步长，以达到图像随机共振的最优输出质量。

6.4　图像的随机共振

图像的随机共振是在空间域上对图像信息进行处理的一种方法。当含噪图像信号通过双稳系统时，通过调节系统参数和随机共振步长使双稳系统、图像信号和噪声三者协同，从而增强输出图像的质量。图像信号是二维阵列信息，其处理方式与一维信号有所不同，在进行随机共振处理时需要按行或者列将信号展开为一维信号，处理后按行或者列重新扫描组成一个数字阵列。图像的随机共振按照随机共振的次数可以分为一维随机共振和二维随机共振。

6.4.1　图像的一维随机共振

图像的一维随机共振就是仿照一维信号的随机共振，把图像信号按照行或列展开为一维信号，然后依照一维信号的方式通过双稳系统。在这里根据图像信号展开方式的不同，把一维随机共振分为行随机共振和列随机共振。

图像随机共振，首先需要将图像的灰度级由[0, 255]线性归一化到[0, 1]。然后把数字图像按行展开为一维信号，使其顺序通过双稳系统得到随机共振序列，将得到的输出序列按行扫描方式重新组成一个方阵，最后对这个方阵进行归一均化处理即可得到随机共振图像。这种将图像按行展开进行随机共振的方法，称为行随机共振，其处理过程如图 6.10 所示，对图 6.11 含噪 Lena 图像的处理结果如图 6.12 所示。数字图像如果按列展开进行一维随机共振则称为列随机共振，对图 6.11 含噪 Lena 图像的处理结果如图 6.13 所示。

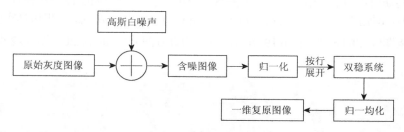

图 6.10　一维随机共振图像增强原理图

　　图 6.11　原图像　　　　　　　图 6.12　行随机共振　　　　　　图 6.13　列随机共振

　　本书通过仿真实验研究行和列两种方式的随机共振是否存在差别。仿真参数为：将不含噪声的 Lena 灰度图像作为输入信号 $f(x,y)$，变尺度随机共振采样频率 f_s 数值为 10，还有与之对应的 $h=1/f_s$ 数值为 0.1 的计算步长，a 与 b 分别为 5 和 10。龙格-库塔（Runge-Kutta）法是随机共振计算数值的基础，从仿真结果可以看出同等情况下，两种随机共振所输出的图像结果完全相同，与图像对应的直方图也完全相同。因此可以得出结论：行随机共振和列随机共振在图像直方图的变化上呈现的处理结果是相同的，如图 6.14～图 6.16 所示。

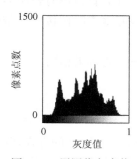
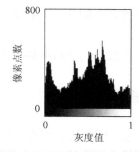
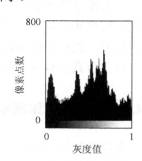

　图 6.14　原图像灰度值　　　　图 6.15　行随机共振灰度值　　　图 6.16　列随机共振灰度值

接下来对含噪图像的行、列随机共振处理结果进行仿真实验，仿真参数为：不含噪声的 Lena 灰度图像为 $f(x,y)$，向 Lena 灰度图像中添加高斯白噪声，用 $n(x,y)$ 来表示，且高斯白噪声的均值等于 0，方差等于 0.4。含噪声的 Lena 图像作为双稳系统的输入信号，即输入信号为 $g(x,y)=f(x,y)+n(x,y)$。其余参数与上一步仿真实验相同，输出结果图像如图 6.17～图 6.19 所示，对应的直方图分别如图 6.20～图 6.22 所示。

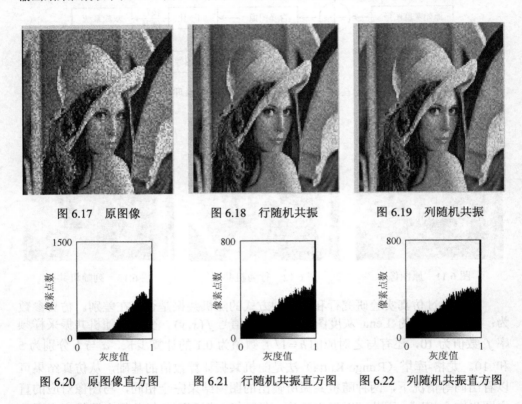

图 6.17　原图像　　　　　　　图 6.18　行随机共振　　　　　　图 6.19　列随机共振

图 6.20　原图像直方图　　　图 6.21　行随机共振直方图　　　图 6.22　列随机共振直方图

从图 6.18 和图 6.19 可以看出经过行、列随机共振输出的图像噪声的数量减少显著，图像细节更加清晰。同时从图 6.21 和图 6.22 可以看出，直方图有较明显的变化。仿真实验结果表明，两种方式的随机共振都能够很好地去除图像中夹带的噪声信号，提高输出图像质量。

以上仿真实验证明行随机共振和列随机共振对图像去噪的效果相同。

6.4.2　图像的二维随机共振

数字图像是二维的阵列信息，每个像素都有相邻像素，且相互之间存在影响。与一维随机共振相比，二维随机共振考虑到邻域像素之间的相互关系和影响，因此图像处理效果比一维随机共振好。二维随机共振流程如图 6.23 所示。

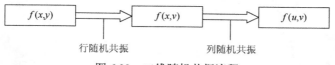

行随机共振　　　　　　　　列随机共振

图 6.23　二维随机共振流程

　　以一维随机共振为基础推广到二维随机共振。二维随机共振处理过程：首先对图像进行预处理，归一化其二维灰度值，然后通过按行或列扫描，例如，按行扫描得到一维序列，输入到双稳系统中对其进行随机共振处理，再将输出序列按行扫描重新排列成一个新的方阵，并归一均化到区间[0, 1]，完成一次一维随机共振处理，得到一幅新图像。对此图像进行列扫描，再按照上述过程把得到的一维序列输入到双稳系统中，对其再次进行随机共振处理，得到的序列按列扫描，重新组成方阵并归一均化处理，所得结果就是经二维随机共振处理后的图像。图 6.24 是二维随机共振图像增强原理图。

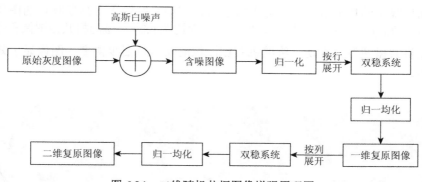

图 6.24　二维随机共振图像增强原理图

　　对图像的二维随机共振进行仿真实验，仿真参数为：变尺度随机共振采样频率 $f_{sr}=10$，计算步长 $h=1/f_{sr}=0.1$，系统参数 $a=5$，$b=10$。不含噪声的 Lena 图像作为输入信号，如图 6.25 所示。采用龙格-库塔法作为图像二维随机共振的数值计算方法，经过二维随机共振处理后输出的图像如图 6.26 所示，再经过归一均化处理后的图像如图 6.27 所示。

　　二维双稳随机共振改变了双稳响应图像的灰度和对比度，减小了灰度响应范围使其集中在小的区域内，对比度降低，不能看到图像的细节，如图 6.26 所示。双稳响应的输出可能会超出范围[0, 1]，输出矩阵不能表现为一幅图像。对输出图像进行归一均化后图像信息清晰度增强，如图 6.27 所示。以上实验表明图像经过二维随机共振处理后，图像中包含的信息内容、数量没有减少或丢失。

图 6.25　原图像

图 6.26　随机共振图像

图 6.27　归一均化图像

下面对一维随机共振和二维随机共振对图像的去噪效果进行对比仿真实验。仿真参数为：计算步长 $h = 1/f_{sr} = 0.1$，系统参数 $a = 5$，$b = 10$。原始无噪声的 Lena 灰度图像为 $f(x, y)$，向 Lena 灰度图像中添加高斯白噪声，用 $n(x, y)$ 来表示，且高斯白噪声的均值等于 0，方差等于 1。双稳系统输入含高斯噪声的图像，即 $g(x, y) = f(x, y) + n(x, y)$，如图 6.28 所示。对比图 6.29 一维随机共振图像和图 6.30 二维随机共振图像，发现二维随机共振图像的噪声量要少得多，图像显示效果更加清晰。

图 6.28　含高斯噪声图像

图 6.29　一维随机共振图像

图 6.30　二维随机共振图像

一维随机共振和二维随机共振各有优点，二维随机共振滤除噪声更彻底，而一维随机共振使图像的细节更清晰。从随机共振的机理上来解释，信号和噪声通过双稳态非线性系统的协同作用，一部分噪声能量被转化到信号身上，从而使信号得到增强,产生随机共振现象。而在图像信息中低频分量对应图像的慢变化分量,而高频分量则对应图像中变化较快的灰度级分量,图像的细节信息和噪声都属于高频分量。在随机共振过程中,一部分细节信息也会被当作噪声转化到图像的低频信息上,从而使图像的高频信息即细节信息变得模糊不清。由于二维随机共振经过了两次双稳系统,所以二维随机共振的细节信息也就不如一维随机共振清晰。

总之,一维随机共振方法和二维随机共振方法都能够有效地去除图像中的噪声,提高图像的输出质量。但是在除噪方面二维随机共振优于一维随机共振,二维随机共振图像更加清晰,在细节保持方面一维随机共振的效果要比二维随机共振好,轮廓也更清晰。

6.5　图像随机共振与传统图像增强对比

目前去除数字图像中的噪声信号的方法非常多,但其中要属低通滤波的方法最能让我们清楚地看到现象,因为噪声能量普遍都聚集在高频区域,然而图像的频谱却在范围有约束的区间内分布,所以去除图像中的噪声大都采用低通滤波的方法,低通滤波法包括巴特沃思低通滤波法、维纳滤波法、中值滤波法和邻域平均法。但从根源上说,上述那些方法都是认为噪声是不好的、有害的,将它视为干扰从而在图像信息增强的过程中将其去除。传统低通滤波法的介绍如下。

(1)巴特沃思低通滤波法。巴特沃思低通滤波器是可以在物理上实现的低通滤波器,巴特沃思滤波器得到的图像不会有振铃效应,这是因为从低频到高频过渡过程中表现比较平滑。巴特沃思低通滤波器对数字图像中噪声的去除效果如图 6.31~图 6.33 所示。

　　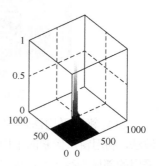

　　图 6.31　加噪声图像　　　　　图 6.32　滤波结果　　　　图 6.33　滤波器示意图

（2）维纳滤波法。这种方法滤波效果比均值滤波器效果要好。滤波器的输出是通过调整图像的局部方差来实现，局部方差与平滑效果成正比，使恢复图像与原始图像的均方误差最小。维纳滤波器对具有白噪声的图像滤波效果最好。维纳滤波器对数字图像中噪声的去除效果如图 6.34～图 6.36 所示。

　　图 6.34　灰度图像　　　　图 6.35　含高斯噪声图像　　　图 6.36　维纳滤波图像

（3）中值滤波法。基本原理是把数字图像或数字序列中某一点的值用该点的一个邻域中各点值的中值交换。所以中值滤波对于滤除图像的椒盐噪声非常有效。但对点、线、尖顶细节较多的图像最好不要采用中值滤波的方法。图 6.37～图 6.39 为中值滤波器对三种不同类型含噪图像的滤波效果。

　　　　　　(a) 含噪图像　　　　　　　　　(b) 中值滤波效果

图 6.37　添加椒盐噪声图像及中值滤波效果

（4）邻域平均法。它是在空间域上直接对图像进行平滑处理，又称为均值滤波法，利用窗口像素的平均值代替窗口中间的像素值，以图像模糊为代价来减小噪声。采用的邻域半径越大图像越模糊。不同模板滤波对比结果如图 6.40～图 6.43 所示。

(a) 含噪图像　　　　　　　　　　　(b) 中值滤波效果

图 6.38　添加高斯噪声图像及中值滤波效果

(a) 含噪图像　　　　　　　　　　　(b) 中值滤波效果

图 6.39　添加乘性噪声图像及中值滤波效果

图 6.40　高斯噪声图像　　　　　　　图 6.41　3×3 平均模板滤波

图 6.42　5×5 平均模板滤波　　　　　　图 6.43　7×7 平均模板滤波

　　图像信息和噪声各自有其特殊的性质，在消除这些噪声的同时应竭尽全力地保护图像中有价值的信息。但这种方法只有作用在有较高信噪比的图像时，才会体现出优良的恢复效果，不过对于微弱的图像信号中带有高强度的噪声时，实验的过程就会受到强烈的阻碍。图像随机共振去除噪声的方法与传统的去噪方法有所不同，当某些噪声给定了一定的强度，这样的噪声通过系统时噪声的能量会转换成图像信号能量，使得系统输出的信噪比提高。图 6.44～图 6.50 对比了六种方法在去除数字图像噪声方面的效果。

图 6.44　原始图像　　　　图 6.45　巴特沃思滤波图像　　　　图 6.46　维纳滤波图像

　　设置二维随机共振图像系统参数 a、b、h 分别为 5、11、0.1。通过上面列出的图像对比能够看出对于高斯噪声的滤波只有二维随机共振方法效果是最好的，它对去除图像噪声的结果是立竿见影的，图像变得清晰、输出质量得到提高。

图 6.47　中值滤波图像

图 6.48　均值滤波图像

图 6.49　一维随机共振图像 3×3 模板

图 6.50　二维随机共振图像

第 7 章　基于随机共振的面阵 CCD 图像滤波算法

面阵 CCD 图像信号是一种内容丰富、信息量大的二维信号。选用 CCD 像素不同图像信息量的大小不同，例如，选用像元数为 512×512 表示该面阵 CCD 输出是由 512 行 512 列组成的二维图像，共有 512×512 = 262144 个像素点。若选择 1024×1024 像元或更高像元的面阵 CCD，图像像素更高且包含的信息量更大。如 2.2 节所述，本书研究的速高比值测量系统选用像元数为 512×512。

为了提高速高比值测量系统的测量精度，必须提高面阵 CCD 输出图像的质量，因此必须对面阵 CCD 输出信号进行有效的滤波，尤其是航空图像信号属于一种非平稳随机过程，受各种不可抗力带来的干扰较多，如天气、温度等众多因素，传统的图像滤波方法因其各自的局限性不能达到理想的效果。

基于随机共振的图像滤波方法改变了以往滤波过程中把噪声当作干扰项进行滤除，通过削弱噪声来间接增强图像质量的方法。但随着图像信噪比不断降低，即噪声不断增强、有用信号不断减弱，这种方法的滤波能力就不断降低。而随机共振理论是把噪声看成有益项，通过添加不同强度、均值为零的高斯白噪声或者均匀分布的随机噪声使得输出图像得以增强，利用添加噪声达到提高图像质量的目的。特别是在图像信噪比比较低、噪声强度大的情况下，图像滤波效果高于其他滤波方法，适用于复杂环境下的航空图像滤波。

传统的随机共振方法只适用于处理阈值下周期输入信号，对于阈值上信号一般认为噪声的存在不利于系统对输入信号响应。直到阈值上随机共振概念提出后，才使得随机共振理论得以用于处理图像信号，因为图像信号是一种典型的阈值上非周期信号。

7.1　基于变尺度随机共振的面阵 CCD 滤波算法

面阵 CCD 航空相机受前面所述的光子噪声、暗电流噪声、复位噪声、量化噪声和固定图形噪声的影响，输出图像质量降低，直接影响后续利用灰度投影算法计算速高比值的精度（详见第 4 章）。通过随机共振对面阵 CCD 航空相机图像进行滤波是针对上述的常见的加性噪声模型。由于面阵 CCD 航空图像属于阈上非周期信号，因此其图像滤波的主要任务就是通过给面阵 CCD 航空图像自适应添加均匀分布的随机噪声使其发生阈值上非周期随机共振。在采用随机共振进行图像复原时，添加均匀分布的随机噪声要比添加高斯白噪声具有更强的复原效果，系统具有更高的性能。因此，本书采用的噪声类型为均匀分布的随机噪声。

本书以灰度图像为例研究随机共振滤波法对基于面阵 CCD 航空图像的滤波效果，因此，首先要经过空间的数字采样以及像素灰度的离散化把含噪的面阵 CCD 航空图像转换为数字灰度图像，然后多次独立添加强度相同且均匀分布的随机噪声并经过设定最大迭代次数完成滤波。数字灰度图像信号输出的过程是一个随机过程，统计样本的长度是添加噪声的次数。通过计算该随机过程的统计特性得出最佳噪声强度、最佳滤波后的图像。

7.1.1　随机共振航空图像滤波算法步骤

具体做法是设定迭代步数为 H_1，给面阵 CCD 航空图像添加 Z 次、相同独立分布且强度相等的均匀分布的随机噪声，即完成一次面阵 CCD 航空图像信号与随机噪声叠加的迭代过程，然后在设定的迭代步数内再按等步长增量法增加噪声强度，再一次对面阵 CCD 航空图像进行 Z 次噪声添加，循环以上过程直到完成所有迭代次数 H_1。该过程中原始面阵 CCD 航空图像与某最佳强度的均匀分布随机噪声将会产生阈值上非周期随机共振，按照黄金分割快速搜索算法在固定的迭代步数 H_1 内搜索出峰值信噪比的最大值，该值对应的是随机共振发生的时刻，该值对应的噪声强度是最佳噪声强度，该值对应的加噪后的输出图像是航空面阵 CCD 图像经过随机共振方法滤波后的图像。

基于阈值上随机共振理论的面阵 CCD 航空图像滤波算法原理框图如图 7.1 所示。

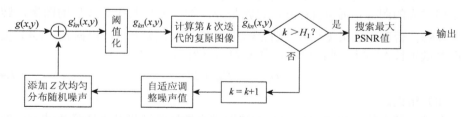

图 7.1　基于阈值上随机共振理论的面阵 CCD 航空图像滤波算法原理框图

基于随机共振的面阵 CCD 航空图像滤波算法基本步骤如下。

（1）设迭代总步数为 H_1，迭代次数用 k 表示，且 k 满足 $1 \leqslant k \leqslant H_1$；设添加均匀分布的随机噪声总次数为 Z，噪声添加次数用 n 表示，且 n 满足 $1 \leqslant n \leqslant Z$；设每次迭代过程噪声的增量步长是 ΔD。

（2）面阵 CCD 相机输出的原始含噪灰度图像为 $g(x, y)$，该图像规格是 M 行

N 列，灰度值范围是 0～255；设迭代次数 k 初值等于 1；噪声添加次数 n 初值等于 1；初始噪声强度等于 0，即 $D_{11} = 0$ 或 $D_{kn} = 0$。

（3）对原始含噪灰度图像 $g(x,y)$ 共分 Z 次独立添加均匀分布的随机噪声，分别得到 Z 个输出含噪灰度图像，记为 $g'_{kn}(x,y)$。

（4）用 $I_{g'_{kn}}(i,j)$ 表示图像 $g'_{kn}(x,y)$ 的灰度值，其中，i 代表图像的行，$i \in [1,M]$，j 代表图像的列，$j \in [1,N]$；根据式（7.1）针对每一次添加噪声后的图像 $g'_{kn}(x,y)$ 分别计算出 Z 个阈值 λ_{kn}。

$$\lambda_{kn} = \frac{\sum\limits_{i=1}^{M}\sum\limits_{j=1}^{N} I_{g'_{kn}}(i,j)}{M \times N} \tag{7.1}$$

该阈值是第 k 次迭代过程中第 n 次添加均匀分布的随机噪声后的含噪灰度图像各像素点灰度的均值。

（5）根据式（7.2）及第（4）步计算出的 Z 个阈值 λ_{kn} 对第（3）步得出的 $g'_{kn}(x,y)$ 进行阈值化计算，得出经过第 k 次迭代阈值化后的图像信号 $g_{kn}(x,y)$：

$$g_{kn} = \begin{cases} 255, & g'_{kn}(x,y) + D_{kn} \geqslant \lambda \\ 0, & g'_{kn}(x,y) + D_{kn} < \lambda \end{cases} \tag{7.2}$$

（6）根据式（7.3）计算经过第 k 次迭代、添加了强度为 D_{kn} 的随机噪声后输出的图像信号 $\hat{g}_{kn}(x,y)$，计算出 $\hat{g}_{kn}(x,y)$ 的峰值信噪比。

$$\hat{g}_{kn}(x,y) = \frac{\sum\limits_{n=1}^{Z} g_{kn}(x,y)}{Z} \tag{7.3}$$

（7）比较当前迭代次数 k 值与 H_1 的大小，如果 $k = H_1$，则输出与最大峰值信噪比相对应的图像信号 $\hat{g}_{kn}(x,y)$，它就是最佳的经随机共振滤波后的图像，转向步骤（8）；否则，如果 $k < H_1$，则 $k = k+1$，即迭代次数加 1，根据式（7.4）按等噪声增量步长 ΔD 相应地改变噪声强度 D_{kn}，转向步骤（3）。

$$D_{k(n+1)} = D_{kn} + \Delta D \tag{7.4}$$

（8）结束。

上述过程中的参数 Z，H_1，ΔD 的选取都直接影响随机共振图像滤波方法的效果。例如，在一定的噪声作用域内，添加噪声总次数 Z 的值越大随机共振的效果越好，但 Z 值过大会导致计算量过大，降低算法的执行效率。迭代总步数 H_1 越大表示寻优空间越大，如果此时选取的噪声增量步长 ΔD 足够小就可以得出最佳的添加噪声强度以及相应的最佳滤波输出图像。同理，H_1 越大 ΔD 越小，计算量就越大，算法的执行效率就随之降低。因此，参数 Z，H_1，ΔD 的选择要兼顾滤波效果和算法执行效率。

7.1.2　自适应噪声强度的优化

7.1.1 节关于基于随机共振的面阵 CCD 航空图像滤波算法的讨论中假设噪声强度增量为等步长,即 $D_{k(n+1)} = D_{kn} + \Delta D$。这种改变噪声强度的思路计算简单、执行容易,但是产生的随机共振滤波图像未必是最佳的。采用何种策略改变添加噪声强度以使得滤波后图像的复原效果最佳是基于随机共振图像滤波的一个重点和难点。考虑到动态噪声强度添加的收敛性、稳定性等各种因素,本书采用式(7.5)的方法计算下一次添加的噪声强度大小为

$$D_{k+1} = D_k + \mu \cdot \text{sign}\left(\frac{\text{dPSNR}}{\text{d}D}\right) \tag{7.5}$$

式中,μ 是噪声强度改变的步长;sign 是符号函数;PSNR 是峰值信噪比;D 是噪声强度。采用差分法来估计梯度算子 $\frac{\text{dPSNR}}{\text{d}D}$,则

$$\frac{\text{dPSNR}}{\text{d}D} = \frac{(\text{PSNR})_k - (\text{PSNR})_{k-1}}{D_k - D_{k-1}} \tag{7.6}$$

假设取 $\mu = 2$,由式(7.5)和式(7.6)噪声强度计算公式为

$$D_{k+1} = D_k + 2\text{sign}\left(\frac{(\text{PSNR})_k - (\text{PSNR})_{k-1}}{D_k - D_{k-1}}\right) \tag{7.7}$$

符号函数和梯度算子的引入使得噪声强度成为一个动态变化的量,如果上一次噪声强度的调整过大则这一次减小当前噪声强度的变化增量,反之,如果上一次噪声强度的调整过小则这一次增大当前噪声强度的变化增量。这种动态变化的引入避免了系统陷于局部极小的状态,有效地降低了随机共振系统对于局部调节的敏感性。

7.1.3　最大峰值信噪比点的快速搜索算法

基于随机共振的面阵 CCD 航空图像滤波算法的中心思想就是找出随机共振发生的点,或者说是找出 H 次迭代后产生的 H 个峰值信噪比的最大值点,这就是一个典型的选优问题。本书研究了一种黄金分割快速搜索算法实现以最少的试验次数和最快的搜索速度找到最佳点(峰值信噪比的最大值点),从而解决优选问题。

1. 优选法概述

关于优选法问题有如下三个定义。

（1）最佳点：如果影响试验的某个因素（记为 x）处于某种状态（记为 $x = x_0$）时，试验结果最好，那么这种状态（记为 $x = x_0$）就是这个因素的最佳点。

（2）优选问题：对试验中相关因素的最佳点的选择问题称为优选问题。

（3）优选法：利用数学原理，合理安排试验，以最少的试验次数迅速找到最佳点，从而解决优选问题的科学试验方法。

2. 单峰函数

单峰函数的定义：如果 $f(x)$ 在 $[a, b]$ 上只有唯一的最大（最小）值点 C，而 $f(x)$ 在 $[a, C]$ 上递增（递减），在 $[C, b]$ 上递减（递增），则称 $f(x)$ 为区间 $[a, b]$ 上的单峰函数。

规定区间 $[a, b]$ 上的单调函数也是单峰函数。阈值上随机共振噪声强度与峰值信噪比的关系曲线和 6.2.3 节中随机噪声强度与信噪比的关系曲线趋势相同，如图 7.2 所示，是典型的单峰函数。

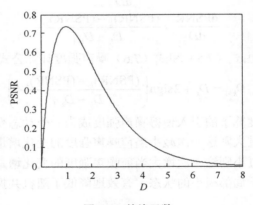

图 7.2　单峰函数

3. 黄金分割常数

对于单峰函数曲线，如何安排试验点以最快地寻找到最大（小）值点是工程应用中的一个重要问题。传统的通过逐个点比较数值大小的寻极值的方法，如冒泡法等虽然算法结构简单、程序编写简单、执行容易，但存在的弊端就是计算量太大，消耗系统资源大且耗时长。计算量越小搜索速度越快，越节省系统硬件资源，同时提高系统的执行效率和执行速度。

下面就单峰函数如何安排试验点最快寻找最大（小）值的问题进行分析。

对于单峰函数，定义在最大（小）值同一侧，离最大（小）值越近的点越是好点，且最大（小）值和好点必然在差点的同一侧。由此，可按照下述的思路安排试验点：先在整个搜索范围(a, b)内任选两个点各做一次试验，根据试验结果确定哪个是好点哪个是差点，在差点处把$[a, b]$分成两段，截掉不含好点的一段，留下剩余的一段存优区间$[a_1, b_1]$，显然有$[a_1, b_1] \subseteq [a, b]$；在$[a_1, b_1]$内再任选两个点各做一次试验，根据试验结果确定哪个是好点哪个是差点，在差点处把$[a_1, b_1]$分成两段，截掉不含好点的一段，留下剩余的一段存优区间$[a_2, b_2]$，同理$[a_2, b_2] \subseteq [a_1, b_1]$……重复以上步骤，存优区间逐步缩小，直到寻找出最大（小）值点。

　　以上的安排试验点的方法中试验点的选取是任意的，只要包含在前一次剩余的存优空间即可，这种任意性会给寻找最大（小）值点的效率带来影响。假如因素区间是$[0, 1]$，任意选取的两个试验点分别是 0.1 和 0.2，那么对于图 7.3（a）所示单峰函数曲线，最大值处于区间$[0, 0.1]$，通过试验结果可以比较出点 0.1 是好点，点 0.2 是差点，截掉不含好点的一段后留下的存优区间是$[0, 0.2]$，只通过取两个试验点一次存优区间的截断操作就去掉了长度为 0.8 的区间，去掉的比例占总区间长度的 80%，效率很高。但是，如果对于图 7.3（b）所示单峰函数曲线，最大值处于区间$[0.2, 1]$，通过试验结果可以比较出点 0.1 是差点，点 0.2 是好点，截掉不含好点的一段后留下的存优区间是$[0.1, 1]$，通过取两个试验点，一次存优区间的截断操作只去掉了长度为 0.1 的区间，去掉的比例占总区间长度的 10%，效率偏低不够理想。由此可以看出，以上任意选取试验点的方法并非最佳。

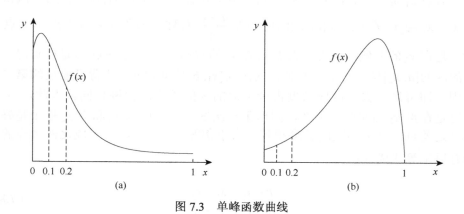

图 7.3　单峰函数曲线

　　怎样选取试验点才能最快地接近最大（小）值点呢？希望找出不是针对某一个具体的单峰函数而是对这一类函数都普遍适用的最佳方法。由于在试验之前无法预知哪一次试验结果好哪一次试验结果差，即这两个试验点有同样的可能性成为因素范围$[a, b]$的分界点，所以为了克服盲目性和侥幸心理在安排试验点时遵循两个试验点关于区间$[a, b]$的中心点$\dfrac{a+b}{2}$对称的原则。

　　同时，为了尽快找到最大（小）值点，每一次截去的区间不能太短也不能太长。因为，如果一味地追求一次截去的区间足够长，就使得两个试验点与区间中心点过近，这样虽然第一次可以将近截去区间[a, b]的一半，但是按照对称安排试验点的原则，在做到第三次试验的时候就会发现，以后每次只能截去很小的一段，反而不利于很快地接近最大（小）值点。为了使每次截去的区间具有一定的规律性，本书设定以下原则：每次舍去的区间长度占舍去前的区间长度的比例相同。

　　下面讨论如何按上述两个原则最佳地设置试验点。如图 7.4（a）所示，x_1 和 x_2 是两个试验点，$x_2 < x_1$，且两点关于区间[a, b]的中心点 $\dfrac{a+b}{2}$ 对称，即满足 $x_2 - a = b - x_1$，因此，通过实验后不论得出哪个是好点哪个是差点，截去的区间长度都相等，即大小等于 $b - x_1$。

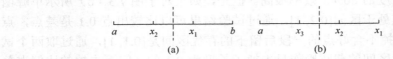

图 7.4　最佳试验点的设置

　　假设 x_1 是差点，舍去的区间为[x_1, b]，在存优区间[a, x_1]内安排第三次试验点 x_3，x_3 与 x_2 关于区间[a, x_1]的中心点 $\dfrac{a+x_1}{2}$ 对称，如图 7.4（b）所示。点 x_3 一定是在 x_2 的左侧，因为如果点 x_3 在 x_2 的右侧，当 x_3 是差点 x_2 好点时，舍去的区间[a, x_2]长度与上一次舍去的区间[x_1, b]长度相同，违背了前述的第二条原则，即每次舍去的区间长度占舍去前的区间长度的比例相同。因此，点 x_3 一定是在点 x_2 的左侧。那么，同理第一次试验，无论点 x_3 和点 x_2 哪个是好点哪个是差点，舍去的区间长度相等，大小都等于 $x_1 - x_2$，按照成比例舍弃的原则有以下等式成立：

$$\frac{b - x_1}{b - a} = \frac{x_1 - x_2}{x_1 - a} \tag{7.8}$$

式中，左边是第一次舍去区间长度的比例数，右边是第二次舍去区间长度的比例数。将式（7.8）变形得

$$1 - \frac{b - x_1}{b - a} = 1 - \frac{x_1 - x_2}{x_1 - a} \tag{7.9}$$

即

$$\frac{x_1 - a}{b - a} = \frac{x_2 - a}{x_1 - a} \qquad\qquad (7.10)$$

式（7.10）左右两边分别是两次舍弃后的存优范围占舍弃前全区间的比例数，设该比例数为 t，即

$$\frac{x_1 - a}{b - a} = \frac{x_2 - a}{x_1 - a} = t \qquad\qquad (7.11)$$

由 $x_2 - a = b - x_1$ 和式（7.11）可以推导出：

$$\frac{x_2 - a}{b - a} = 1 - t \qquad\qquad (7.12)$$

由式（7.10）得

$$\frac{x_1 - a}{b - a} = \frac{\dfrac{x_2 - a}{b - a}}{\dfrac{x_1 - a}{b - a}} \qquad\qquad (7.13)$$

把式（7.10）～式（7.12）代入式（7.13），得

$$t = \frac{1 - t}{t} \qquad\qquad (7.14)$$

即

$$t^2 + t - 1 = 0 \qquad\qquad (7.15)$$

解得：$t_1 = \dfrac{-1 + \sqrt{5}}{2}$，$t_2 = \dfrac{-1 - \sqrt{5}}{2}$。

由于 t 表示舍弃后的存优范围占舍弃前全区间的比例数，因此以上两个解中负数无实际意义，t_1 近似等于 0.618，被称为黄金分割常数。

综上所述得出如下结论，对于单峰函数寻找最大（小）值时，试验点的最佳安排方式是舍弃后的存优范围占舍弃前全区间的比例为 0.618。

4. 黄金分割快速搜索算法

设噪声强度与峰值信噪比的关系曲线如图 7.2 所示。对于这个典型的单峰函数，下面讨论采用黄金分割法快速搜索出最大值点的具体做法及步骤。

图 7.2 所示的存优区间为[0, 4]，试验可以按下面的步骤进行。

（1）第一个试验点的选取及试验。

根据黄金分割寻优思想，第一个试验点值为 $D_1 = (4-0) \times 0.618 = 2.472$，第一个试验点的峰值信噪比记为 PSNR_1，计算噪声强度为 2.472 的点 D_1 的峰值信噪比 $\mathrm{PSNR}_1 \approx 0.164$。

（2）第二个试验点的选取及试验。

第二个试验点 D_2 与第一个试验点 D_1 关于区间[0, 4]的中心点对称，第二个试验点可以按照以下公式来计算：

$$D_2 = 4 + 0 - 2.472 = 1.528$$

推广到此后各试验点可按以下规律计算。

$D_n = $ 存优区间大值 + 存优区间小值 − 上一次比较后存优区间保留下来的好点值。计算噪声强度为 1.528 的点 D_2 的峰值信噪比 $\mathrm{PSNR}_2 \approx 0.317$。

（3）存优区间的缩小。

由第（1）、（2）步可知 $\mathrm{PSNR}_1 < \mathrm{PSNR}_2$，故 D_2 是好点，D_1 是差点，以 D_1 为界舍去不包含 D_2 的部分，存优区间缩小为[0, 2.472]。

（4）第三个试验点的选取及试验。

$$D_3 = 2.472 + 0 - 1.528 = 0.944$$
$$\mathrm{PSNR}_3 \approx 0.545$$

（5）存优区间的缩小。

因为 $\mathrm{PSNR}_2 < \mathrm{PSNR}_3$，故 D_3 是好点，D_2 是差点，以 D_2 为界舍去不包含 D_3 的部分，存优区间缩小为[0, 1.528]。

（6）第四个试验点的选取及试验。

……

依此类推不断缩小存优区间，直到寻找出最大值。

假设精度要求是小于等于千分之一，即 $\sigma \leqslant 0.001$，则

$$(0.618)^{n-1} \leqslant 0.001 \tag{7.16}$$

由式（7.16）可得：$n \geqslant \dfrac{\lg 0.001}{\lg 0.618} + 1$，$n \geqslant 15.35$。故通过 16 次试验即可找到满足精度要求的最大值。算法效率远远高于逐点比较。

7.1.4　不同滤波方法效果对比

对于基于阈值上非周期输入信号随机共振理论的航空图像滤波方法，采用 MATLAB 对该算法进行仿真实验。同时对同一幅图像分别采用中值滤波和维纳滤波进行对比，如图 7.5 和图 7.6 所示。

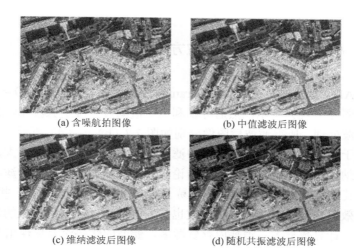

(a) 含噪航拍图像　　　　　　　　(b) 中值滤波后图像

(c) 维纳滤波后图像　　　　　　　(d) 随机共振滤波后图像

图 7.5　某机场航拍图像及不同滤波方法效果对比

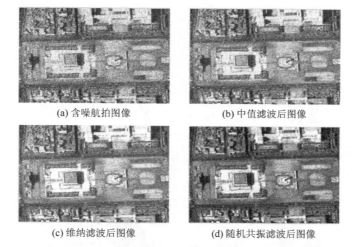

(a) 含噪航拍图像　　　　　　　　(b) 中值滤波后图像

(c) 维纳滤波后图像　　　　　　　(d) 随机共振滤波后图像

图 7.6　天安门广场航拍图像及不同滤波方法效果对比

从图 7.5 和图 7.6 的滤波效果对比图可以看出，基于排列统计理论的中值滤波方法去噪的同时可以一定程度上保存图像边缘信息，但是对于图像的细节，例如，点、线或者细节多变的部分滤波效果不够理想。另外，中值滤波的视觉处理效果较差。维纳滤波对于图像细节的处理效果优于中值滤波，图像的边缘信息保存较好，对图像的高频部分保持较好，但是局部小区域的处理有细节的粗化存在。维纳滤波的视觉效果优于中值滤波。随机共振的滤波方法对图像的边缘信息保持较好，细节信息的处理优于中值滤波和维纳滤波，并且视觉效果是三种滤波方法中最佳的。

7.1.5　大、小噪声强度下不同滤波方法效果对比

　　通过 MATLAB 软件对标准的 cameraman 图像添加了噪声强度 $D = 100$ 的高斯白噪声,如图 7.7(a)所示,然后分别利用中值滤波、维纳滤波和随机共振滤波对其进行滤波处理,所得滤波后图像分别如图 7.7(b)~(d)所示。从对比图可以看出,对于弱噪声污染的图像,各种滤波方法的处理结果相差不大,视觉效果最好的是维纳滤波。由此,得出以下结论:对于低噪声污染图像的滤波优先考虑中值滤波,其性价比最高,算法简单、易于实现、消耗内存资源少、执行效率高,得出的滤波效果也较好。其次维纳滤波也是较好的选择。随机共振的滤波方法由于算法复杂、计算数量大、消耗内存资源多,滤波的优势没有体现出来。

(a) 含噪 cameraman 图像　　　　　　　　(b) 中值滤波后图像

(c) 维纳滤波后图像　　　　　　　　(d) 随机共振滤波后图像

图 7.7　$D = 100$ 时含噪图像及不同滤波方法效果对比

　　通过 MATLAB 软件对标准的 cameraman 图像添加了噪声强度 $D = 400$ 的高斯白噪声,如图 7.8(a)所示,然后分别利用中值滤波、维纳滤波和随机共振滤波对其进行滤波处理,所得滤波后图像分别为图 7.8(b)~(d)。从对比图可以看出,对于强噪声污染的图像,各种滤波方法的处理结果相差较大,视

觉效果最好的是随机共振滤波，中值滤波法效果最差，维纳滤波效果稍好于中值滤波法。由此，得出这样的结论：对于高噪声污染的图像，随机共振滤波具有明显的优势。传统的滤波方法在对图像滤波的同时不可避免地削弱了图像，而随机共振滤波通过添加噪声利用噪声的方法使得滤波效果具有较好的稳定性与鲁棒性。

(a) 含噪 cameraman 图像   (b) 中值滤波后图像

(c) 维纳滤波后图像   (d) 随机共振滤波后图像

图 7.8 $D=400$ 时含噪图像及不同滤波方法效果对比

7.1.6 随机共振不同加噪次数性能对比

如前面所述，随机共振滤波是对含噪图像分别添加彼此独立且噪声均值为零的 Z 幅均匀分布的随机噪声灰度图像来实现对图像的滤波处理，在一定的噪声作用域内，添加噪声总次数 Z 的值越大随机共振的效果越好，但 Z 值过大会导致计算量过大，降低算法的执行效率，因此，参数 Z 的选择要兼顾滤波效果和算法执行效率。

分别以含噪的 cameraman 图像和含噪的 chip 图像为例，通过 MATLAB 仿真软件计算出添加噪声次数 Z 分别等于 100 和 400 时噪声强度 D 与图像峰值信噪比 PSNR 的关系曲线。得出以下结论。

（1）向含噪图像中添加均匀分布的随机噪声的次数 Z 为 400 时，在同等噪声强度下完成随机共振滤波算法的一步迭代后输出图像的峰值信噪比略高于 $Z = 100$ 时。由此可以看出，随着 Z 的增大，随机共振滤波的效果越好。但是，Z 的增幅与 PSNR 的增幅不成比例，Z 的增幅高达四倍时 PSNR 只是小范围内增加。因此，得出这样的结论：通过向含噪图像大幅增加噪声的次数 Z、以成倍增加的计算量为代价来提高随机共振对图像滤波的效果是不可取的。

（2）向含噪图像中添加均匀分布的随机噪声的次数 Z 不同时，随机共振产生点大致相同，即 D-PSNR 曲线的最大值点大致相同。这说明，发生随机共振的最佳噪声强度与添加噪声的次数无关。

（3）向含噪图像中添加均匀分布的随机噪声的次数 Z 不同时，D-PSNR 曲线的轮廓相似，即随机共振的产生以及随机共振的特性是相对独立、固定的，与试验时添加噪声的次数无关。

7.2　参数自适应随机共振算法

传统的随机共振是在系统参数固定的条件下通过调节系统添加噪声的强度使系统的输入信号和噪声产生随机共振使系统输出达到最优。而参数调节随机共振是在给定的输入信号下固定噪声强度的大小，通过调节系统的参数产生随机共振使输出达到最优。这一理论随后被更多人进一步研究且在随机共振理论中具有重要意义。

本节介绍遗传算法和粒子群优化算法原理及其对随机共振参数的优化。

7.2.1　遗传算法

1. 遗传算法的发展历史

1975 年，Holland 出版了第一部著名的专著 *Adaptation in Natural and Artificial Systems*，该书系统地阐述遗传算法的基本理论和方法，并提出了遗传算法的基本定理——模式定理（schema theorem），奠定了遗传算法的理论基础。同年，美国 De Jong 博士在其论文 *An Analysis of Behavior of a Class of Genetic Adaptive System* 中结合模式定理进行了大量的纯数值函数优化计算实验，建立了遗传算法的工作框架，将选择、交叉和变异操作进一步完善和系统化，同时又提出了诸如代沟（generation gap）等新的遗传操作技术，建立了著名的 De Jong 五函数测试平台。

1987 年，Davis 出版了 *Genetic Algorithm and Simulated Annealing* 一书，以论

文集形式用大量的实例介绍了遗传算法的应用技术。1989 年，Goldberg 出版了专著 *Genetic Algorithms in Search, Optimization and Machine Learning*，该书系统总结了遗传算法的主要成果，对 GA 的基本原理及应用做了比较详细、全面的论述，奠定了现代遗传算法的科学基础，该书至今仍是遗传算法研究中广泛适用的经典之作。此后，许多学者对原来的遗传算法（或称基本遗传算法）进行了大量改进和发展，提出了许多成功的遗传算法模型，从而使遗传算法应用于更广泛的领域。进入 20 世纪 90 年代后，遗传算法作为一种实用、高效、鲁棒性强的优化技术，发展极为迅速，在各种不同领域如机器学习、模式识别、神经网络、控制系统优化及社会科学等中得到广泛应用，引起了许多学者的关注。1991 年，Davis 出版了 *Handbook of Genetic Algorithms* 一书，对有效地应用遗传算法具有重要的指导意义。

进入 21 世纪，以不确定性、非线性、时间不可逆为内涵的复杂性科学已成为一个研究热点。遗传算法因能有效地求解 NP 难问题以及非线性、多峰函数优化和多目标优化问题，得到了众多学科的高度重视，同时也极大地推动了遗传算法理论研究和实际应用的不断深入与发展，目前已在世界范围内掀起关于 GA 的研究与应用热潮，可以预测随着进化论、遗传学、分子生物学、计算机科学的发展，GA 也将在理论与应用中得到发展和完善[27]。

2. 遗传算法基本概念

（1）基因（gene）。基因也称作遗传因子，它是一个 DNA 分子片段，上面拥有大量的遗传信息。作为遗传物质基础的基因是用来控制生物体性状的基本遗传单位。基因是以染色体为载体的，它是构成染色体的单元。生物体就是通过基因把本身的遗传信息遗传给它的子代，基因则是利用复制环节来完成这样的传递过程的。因此可以使得子代个体与父代个体表现出相似或者相近的性状，在遗传算法中，人们就利用了基因的这种特性。在遗传算法中一般使用一个二进制位、一个整数或者一个字符等来代表一个基因，所以用计算机可以很好地模仿对基因的操作过程。基因也是遗传算法中最小的单位。

（2）染色体（chromosome）。染色体中包含有一定数目的基因，是基因的物质载体，因而染色体也是细胞中遗传信息的物质载体，是生物体中拥有遗传特性的物质。染色体遇到碱性物质时它的颜色就会加深，成为深色的物质，因此就被称作染色体。染色体其实就是脱氧核苷酸，它是由蛋白质与双螺旋结构的 DNA 分子以及少量 RNA 共同构成的一种物质。一个生物体它的所有遗传信息都被包括在每个细胞中的全部染色体中，因而染色体是生物体中具有重要价值的物质。同样，在遗传算法中也少不了染色体，为了模仿生物体细胞中的染色体，必须对染色体进行编码。在处理实际应用中的问题时，必须对实际问题解用某个适当的码子进行编码。二进制编码就是最经常使用的编码，二进制编码非常简单实用，也与生物体的染色体组成非常相似，可以很好地被生物遗传学理论解释而且对遗传算法进行各种各样的遗传进化操作也很方便。因此形成的由 1 和 0 组成的二进制编码串即染色体，这个二进制编码串的长度是恒定不变的，而且二进制编码串的长度被称作染色体的长度。二进制编码串中有很多个 0 或者 1 的字符，这些单个的 0 或者 1 的字符就称作基因。在遗传算法中，每个染色体实际上就是现实问题的一个可能的解，而且染色体也是遗传算法操作的基本对象。

（3）种群（population）。世界上存在非常多的而且各式各样的物种，每一个物种都是由一定数量的个体组成的，组成这个物种的所有个体的总和就称作种群。在遗传算法中也引进了种群的概念，前面讲到的每个染色体其实就是实际问题的一个可能的解，而每个染色体实际上就是单个的个体，那么在遗传进化过程的某一代中所有染色体的总和就被称作种群。在遗传算法中，一个种群包含了实际问题在某一代的解的空间，也是可能的解的集合。种群为遗传算法提供了搜索解的遗传进化搜索空间。

（4）适应度（fitness）。在遗传算法中如何评价一个个体的优劣呢？用什么来衡量呢？因此就要用到适应度这个概念了，适应度就是用来衡量种群中每一个个体的优劣程度的，也是度量每个个体对它的生存环境的适应能力的标准。在遗传算法中，首先是对种群中每个个体（染色体）进行编码，然后就得到了每个个体的染色体编码，一个个体就是实际问题的一个可能的解，而且所有可能的解都和相应的函数值一一对应。这里的函数就是指适应度函数，而函数值也就是适应度。在遗传算法中，适应度是一个非常重要的指标，它的大小直接影响到种群中每个个体生存概率的大小。适应度还对遗传算法的收敛速度和其他性能有很大影响，因此必须慎重地对待。适应度函数一般是根据目标函数而设定的，因而适应度函数可以反映待解决问题。

（5）选择（select）。自然界中的生物进化是通过生物的生存环境来对个体进行选择的，也就是达尔文的"适者生存"法则。通过生物的生存环境来选择能够适应这个生存环境的个体，从而使得被选择的个体有机会把它的遗传信息传递到下一代中去。选择操作是遗传算法中最基本的遗传进化操作之一。在遗传算法中，以适应度为指标，把当前种群中适应度较大的个体选择出来，从而为下一步遗传进化操作做准备。适应度越大被选中的概率就越大，从而遗传到下一代的概率也就越大。首先要根据适应度函数把种群中所有个体的适应度都计算出来，然后还要以某一概率从父代个体中选择复制相应数量的个体到子代中去，选择操作是不会对个体的染色体或者基因造成改变的。

（6）交叉（crossover）。交叉操作也是根据生物学原理得到的，是用来模拟生物进化过程中的基因重组过程的。交叉操作是遗传算法中最重要的遗传操作，也是最基本的遗传操作之一。对于两个选择出来的需要进行交叉的个体（染色体），要给出它们进行交叉互换的交叉点，然后就以这两个个体为父代个体，在交叉点进行交叉互换，因而在重组后生成两个崭新的子代个体（染色体），这两个新的子代个体的性状是由它们父代个体的性状组合而成的。

（7）变异（mutation）。生物在自然进化过程中，它的性状不是一成不变的，而是随着生存环境的变化逐渐发生一些细微变化。在遗传算法中也有模仿生物这种特性的手段，也就是变异。变异操作也是遗传算法中最基本的遗传进化操作之一。变异的一般过程：从种群中任意选取某个个体（染色体），然后以某个概率对该个体的染色体编码的某一个位置的字符进行改变，这就得到了变异后的个体（染色体）。变异促使遗传算法拥有了一定的随机搜索能力，一定程度上使得遗传算法的性能更加完善。个体（染色体）是否发生变异还要通过变异概率进行控制，因而变异概率是非常重要的。

3. 遗传算法的基本操作

1）选择操作

选择操作是指从旧群体中以一定概率选择个体到新群体中，个体被选中的概率和适应度值有关，个体适应度值越好，被选中的概率越大。

2）交叉操作

交叉操作是指从个体中选择两个个体，通过两个染色体的交换组合来产生新的优秀个体。交叉过程为从群体中任选两个染色体，随机选择一点或多点染色体位置进行交换。交叉操作如图 7.9 所示。

A: 1100 0101 1111 ⟶ A: 1100 0101 0000
B: 1111 0101 0000 　　 B: 1111 0101 1111

图 7.9　交叉操作

3）变异操作

变异操作是指从群体中选择一个个体，选择染色体中的一点进行变异以产生更优秀的个体。变异操作如图 7.10 所示。

A: 1100 0101 1111 ⟶ A: 1100 0101 1101

图 7.10　变异操作

4. 参数控制

遗传算法中有四个参数需要提前设定，且在实际应用中需要多次测试之后才能确定这些参数的合理取值。

M：种群大小。算法的效率明显受到种群大小的影响，种群规模太小会降低种群的多样性，太大会降低算法效率。对于不同问题，种群规模也不同，一般建议的取值范围是 20～100。

T：终止进化代数。一般建议的取值范围是 100～500。

P_c：交叉概率。并不是所有被选择的个体（染色体）都要进行交叉或变异操作，而是以一定的概率进行。在程序设计中交叉概率要比变异概率大几个数量级，一般建议的取值范围是 0.4～0.99。

P_m：变异概率。一般建议的取值范围是 0.0001～0.5。

终止条件：遗传算法的终止条件通常可以从两方面进行控制，一是预先设定最大的进化代数来终止算法，二是当算法在规定的代数内还没有找到最优解则终止算法。

5. 遗传算法流程

遗传算法在求解具体问题时的主要步骤是：第一，对待解决的问题进行编码，编码的主要目的是使问题的最优解能够适应遗传算法的操作；第二，构造合适的适应度函数，通常情况下，适应度函数即待优化问题的目标函数，有时适应度函数也是目标函数通过变形得到的，适应度函数主要是用来判断个体是否能够存活下来；第三，染色体的交叉与变异，在交叉和变异的过程中可以产生新解，可以扩大最优解搜索的范围。遗传算法的流程图如图 7.11 所示。

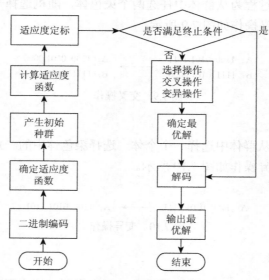

图 7.11　GA 算法流程图

遗传算法的基本运算过程如下。

（1）初始化。设置进化代数计数器 $t = 0$，设置最大进化代数 T，随机生成 M 个个体作为初始群体 $\boldsymbol{P}(0)$。

（2）个体评价。计算群体 $\boldsymbol{P}(t)$ 中各个个体的适应度。

（3）选择运算。将选择算子作用于群体，选择的目的是把优化的个体直接遗传到下一代或通过配对交叉产生新的个体再遗传到下一代。选择操作是建立在群体中个体的适应度评估基础上的。

（4）交叉运算。将交叉算子作用于群体，遗传算法中起核心作用的就是交叉算子。

（5）变异运算。将变异算子作用于群体，即对群体中的个体串的某些基因座上的基因值作变动。

群体 $\boldsymbol{P}(t)$ 经过选择、交叉、变异运算之后得到下一代群体 $\boldsymbol{P}(t+1)$。

（6）终止条件判断。若 $t = T$，则以进化过程中所得到的具有最大适应度个体作为最优解输出，终止计算。

6. 遗传算法特点

遗传算法是解决搜索问题的一种通用算法，对于各种通用问题都可以使用。搜索算法的共同特征为：

（1）首先组成一组候选解。

（2）依据某些适应性条件测算这些候选解的适应度。

（3）根据适应度保留某些候选解，放弃其他候选解。

（4）对保留的候选解进行某些操作，生成新的候选解。

在遗传算法中，上述几个特征以一种特殊的方式组合在一起。

遗传算法基于染色体群的并行搜索带有猜测性质的选择操作、交叉操作和变异操作。这种特殊的组合方式将遗传算法与其他搜索算法区别开来。

遗传算法还具有以下几方面的特点。

（1）遗传算法从问题解的串集开始搜索，而不是从单个解开始，这是遗传算法与传统优化算法的极大区别。传统优化算法是从单个初始值迭代求最优解的，容易误入局部最优解。遗传算法从串集开始搜索，覆盖面大，利于全局择优。

（2）遗传算法同时处理群体中的多个个体，即对搜索空间中的多个解进行评估，减少了陷入局部最优解的风险，同时算法本身易于实现并行化。

（3）遗传算法基本上不用搜索空间的知识或其他辅助信息，而仅用适应度函数值来评估个体，在此基础上进行遗传操作。适应度函数不仅不受连续可微的约束，而且其定义域可以任意设定，这一特点使得遗传算法的应用范围大大扩展。

（4）遗传算法不是采用确定性规则，而是采用概率的变迁规则来指导它的搜索方向。

（5）具有自组织、自适应和自学习性。遗传算法利用进化过程获得的信息自行组织搜索时，适应度大的个体具有较高的生存概率，并获得更适应环境的基因结构。

7.2.2　粒子群优化算法

粒子群优化（particle swarm optimization，PSO）算法，是 1995 年由 Eberhart 等提出的一种群体智能优化算法，是一种对鸟类、鱼群捕食形态过程的仿真模型[28, 29]。

粒子群优化算法的优化过程是对人工生命理论以及鸟类的群集现象的仿真，PSO 模型是对一个简单社会模型的仿真，生物学家通过对蚂蚁觅食行为的研究提出了著名的蚁群算法，它的理论原型是从同一个蚁巢到寻找到食物的觅食过程的路径是随机的，但随着觅食的蚂蚁往返次数的增加，蚂蚁群就会找到最短最佳的觅食路径。粒子群优化算法也是通过对动物行为的仿真应用，由鸟类捕食行为研究而发现的，研究人员通过对鸟类行为的研究发现，一群鸟在随机寻找食物时，在这个空间内只有一块食物，而所有的鸟都不知道这块食物在哪儿，那最快的找到食物的方法是寻找到在这个空间内离食物最近的鸟的位置。PSO 算法就是从这个模型中得到启发并衍生出来的。

与其他优化算法相比较，PSO 算法优化过程更简单，它不需要对参数进行多次调整，它只是在搜索空间内找到最优解。同时，PSO 算法没有其他优化算法所固有的交叉和变异操作。基于各种优良性能，PSO 算法在优化领域内被广泛应用。

PSO 算法的主要特点为：

（1）在整个搜索空间内，每个个体都有与自身对应的飞行速度。

（2）在搜索空间内的每个个体对位置和速度等参数有记忆能力。

（3）在搜索空间内的每个个体都是通过与其他个体进行合作竞争来完成进化的。

（4）粒子群优化算法有实现容易、优化过程简单而结果科学性较强的特点。

基于以上特点，PSO 优化算法在科学研究工作中有着广泛的应用，丰富了优化理论体系，在较短的时间内被广泛地应用到优化工作中，为优化工作的开展提供了技术支持。在粒子群优化算法中，对于每个优化问题的每个解都可以看作搜索空间里的一个粒子，所有的粒子都有一个被优化的函数决定的适应值，并且有一个速度决定它们飞翔的方向和距离，这些粒子可以看作优化算法的模型，可以看作鸟，粒子就像鸟儿一样在搜索解空间中追随搜索当前的最优的粒子。算法首先对一群随机粒子进行初始化操作，然后通过迭代算法找到最优解。在每一次迭代计算下，粒子通过跟踪两个"极值"即个体极值和全局极值来更新自己的速度与位置。个体极值就是粒子本身所搜索到的最佳的解，全局极值是整个种群里当前寻找到的最优解。

PSO 算法在可解空间初始化一群粒子，每个粒子用位置、速度、适应度值三项指标来表示，并且每个粒子代表极值优化问题的一个潜在的最优解。

用一个 N 维向量 $\boldsymbol{X}_i = (x_{i1}, x_{i2}, \cdots, x_{iN})$ 表示群体中第 i 粒子，$i = 1, 2, \cdots, m$；$\boldsymbol{V}_i = (v_{i1}, v_{i2}, \cdots, v_{iN})$ 表示第 i 个粒子的飞行速度向量，$\boldsymbol{P}_i = (p_{i1}, p_{i2}, \cdots, p_{iN})$ 表示第 i 个粒子当前搜索到的最优位置，$\boldsymbol{P}_g = (p_{g1}, p_{g2}, \cdots, p_{gN})$ 表示整个粒子群当前搜索到的最优位置。速度、位置更新公式为

$$V_i(t+1) = V_i(t) + c_1 r_1 [\boldsymbol{P}_i(t) - \boldsymbol{X}_i(t)] + c_2 r_2 [\boldsymbol{P}_g(t) - \boldsymbol{X}_i(t)] \tag{7.17}$$

$$\boldsymbol{X}_i(t+1) = \boldsymbol{X}_i(t) + \boldsymbol{V}_i(t+1) \tag{7.18}$$

式中，c_1 和 c_2 是学习因子，为非负常数；r_1 和 r_2 是在[0, 1]上均匀分布的独立随机数，用户需要限定粒子速度区间 $[-V_{max}, V_{max}]$ 和粒子位置区间 $[-X_{max}, X_{max}]$。当用户设定的迭代次数到达或者粒子适应度值相对误差小于设定的期望值时，停止迭代。

粒子群优化算法流程如下。

（1）对搜索空间内的所有的个体进行初始化，对它们的速度以及位置进行初始化，并将群体中所有粒子中具有最优解的粒子的位置设为当前的位置。

（2）在优化过程中，对群体中的每个粒子的适应度函数值进行计算。

（3）在整个搜索空间内，若某个粒子当前时刻的适应度函数值优于过去所有时刻中的最优值，当前时刻最优解的位置将会代替历时最优解。

（4）在整个搜索空间内，若某个粒子的所有历史时刻的最优值优于全局最优值，那该粒子的历史最优值将代替全局最优值。

（5）每个粒子使用式（7.17）和式（7.18）更新速度和位置。

（6）优化的进化代数每增加 1，需要判断是否与结束条件相符合，若与结束条件不相符，则跳转到步骤（2），反之输出最优解，优化结束。

粒子适应度值通过计算适应度函数得到，其值的好坏表征粒子的优劣。

7.2.3　基于 PSO 算法的随机共振参数优化仿真实验

通过仿真实验对比传统随机共振与参数优化随机共振，分析 PSO 算法优化的参

数自适应随机共振的有效性。设满足双稳态系统随机共振小参数要求的系统含噪输入信号为 $s(t)=f(t)+n(t)=A\sin(2\pi f_0 t+\varphi)+\sqrt{2D}\varepsilon(t)$，其中 $A=0.03$，$f_0=0.01\text{Hz}$，$\varphi=0$，$D=0.91$。图 7.12（a）是 $s(t)$ 波形，图 7.12（b）是 $s(t)$ 直接进行 4096 点快速傅里叶变换（fast Fourier transform，FFT）后的频谱图。

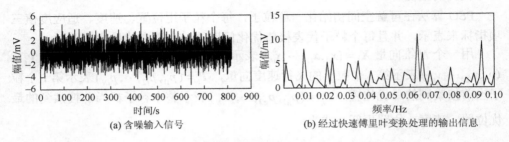

(a) 含噪输入信号　　　　　　　　(b) 经过快速傅里叶变换处理的输出信息

图 7.12　快速傅里叶变换对含噪输入信号的处理效果

在仿真过程中通过 randn 命令随机产生 4096 个点的随机噪声，为了避免不同的随机噪声对后续实验过程产生不同影响，首先多次产生随机噪声，若某组随机噪声使得 $s(t)$ 的 4096 点快速傅里叶变换波形较为干净就利用 save 命令将其存储成 data_noise.mat 文档，后续实验均采用 load 命令调用该文档中的噪声数据。

从图 7.12 可以看出，$s(t)$ 信号直接进行快速傅里叶变换后虽然在频率 0.01Hz 处有波峰，但是在其他频率处也有众多相似波峰，无法确定输入信号的特征频率就是 0.01Hz。

当设定随机共振系统参数 $a=b=1$ 时，将 $s(t)$ 输入到传统随机共振系统，处理后的输出信号如图 7.13（a）所示，再将图 7.13（a）中的信号进行 4096 点快速傅里叶变换，输出信号如图 7.13（b）所示。从图 7.13 可以看出，对于噪声强度 $D=0.91$ 的高斯噪声来说，$a=b=1$ 的随机共振系统具有较好的处理效果，在特征频率 0.01Hz 处存在最大谱峰。

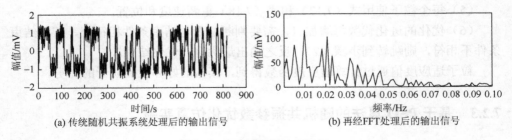

(a) 传统随机共振系统处理后的输出信号　　　　　　(b) 再经FFT处理后的输出信号

图 7.13　两级信号处理效果

　　接下来减小噪声强度 D，取 $D = 0.41$，$D = 0.31$，$D = 0.28$，$D = 0.01$ 分别进行实验，经 $a = b = 1$ 随机共振和快速傅里叶变换两级信号处理后实验结果如图 7.14 所示。

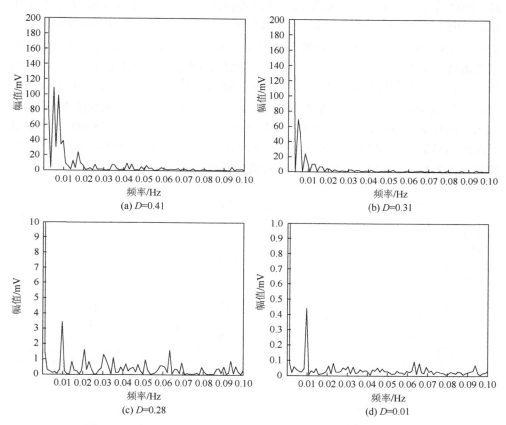

图 7.14　不同噪声强度下信号经过传统随机共振和 FFT 处理效果

　　当 $D = 0.41$、$D = 0.31$ 时在特征频率 $f_0 = 0.01\text{Hz}$ 处无谱峰。通过多次实验得出结论，当 $D < 0.28$ 后会出现如图 7.14（c）和图 7.14（d）所示情况，在 0 点附近有一个冲击谱峰，过零点后在特征频率 $f_0 = 0.01\text{Hz}$ 处存在谱峰，D 值越小该谱峰的峰值越小，例如，当 $D = 0.01$ 时在 $f = 0.0098$ 处有谱峰，谱峰值为 0.4349。

　　由以上实验得出结论，当 $a = b = 1$ 时，随机共振系统对含噪输入信号 $s(t)$ 的处理效果受噪声强度影响较大，噪声强度的变化直接影响提取特征频率的准确度。实际工程应用中如果信号噪声来源复杂多变，传统的随机共振系统将不能满足要求。

　　下面采用 PSO 算法，对随机共振系统参数 a、b 的值进行智能寻优，设定粒子群种群规模是 20，迭代次数是 100，粒子速度区间是[-1, 1]和粒子位置区间是[-1, 1]。双稳态系统信噪比作为粒子群适应度函数，适应度值越大越好。$D = 0.41$时，PSO 算法随机共振系统和快速傅里叶变换两级信号处理结果如图 7.15（a）所示，此时 $a = 0.7997$，$b = 0.1220$，图 7.15（a）在特征频率 $f_0 = 0.01$Hz 附近有明显谱峰，谱峰频率 $f = 0.0098$，谱峰为 3.2330，虽然在 $f = 0.0635$ 处也存在谱峰，但是其波峰值为 2.6840，小于 $f = 0.0098$ 处的峰值，因此，只需要在频谱中寻找波峰最大值，即可得到准确的特征频率，与实际输入信号的特征频率 $f_0 = 0.01$Hz 的绝对误差为 0.0002，相对误差为 0.2。$D = 0.31$ 时两级信号处理结果如图 7.15（b）所示，此时 $a = 0.8997$，$b = 0.1545$，谱峰频率 $f = 0.0098$，谱峰为 3.5307；$D = 0.01$时两级信号处理结果如图 7.15(c)所示，此时 $a = 1$，$b = 0.1911$，谱峰频率 $f = 0.0097$，谱峰为 1.7125，此时的谱峰值是传统随机共振谱峰值的 3.9377 倍。

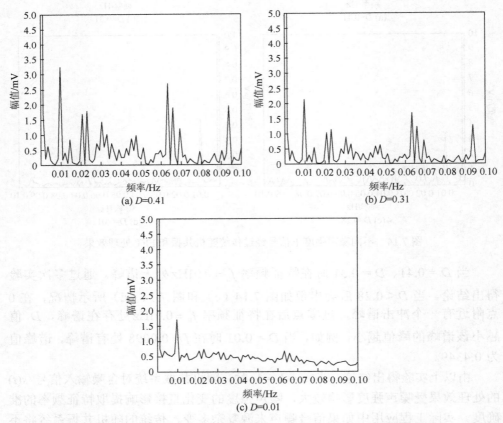

图 7.15　不同噪声强度下经过参数自适应随机共振和 FFT 处理的效果

　　由以上实验可知，采用 PSO 算法对随机共振参数 a 和 b 寻优解决了传统 $a=b=1$ 的随机共振系统受输入信号噪声强度值 D 影响较大的缺点，在不同噪声强度下频谱图均在特征频率 $f_0=0.01\text{Hz}$ 附近有最大谱峰值，PSO 运算收敛速度较快，系统稳定性强、可靠性高。

　　由以上实验可以得出结论：将参数自适应随机共振应用到面阵 CCD 图像的滤波中可以提高图像的滤波效果。

第 8 章　面阵 CCD 相机的超分辨率成像

CCD 的分辨率和像元尺寸直接相关，CCD 的像元尺寸越小分辨率越高，但是受制造工艺、信噪比等指标的影响，CCD 像元尺寸不可能无限制地减小，目前像元的极值尺寸大约等于 5μm，而越是接近这个极值尺寸 CCD 的成本越高。考虑到研究成本、可推广性与实用性，本书在速高比值测量系统的研究过程中选用的面阵 CCD 是加拿大 DALSA 公司生产的，像面为 512×512 像素，单个像素的大小为 10μm×10μm。而在航空航天中使用的遥感、侦察相机普遍具有高精度、高分辨率，以航空侦察相机 VOS40/500 为例，其像元数为 2048×2048，像元尺寸为 7.4μm×7.4μm，最大帧速率为 15 帧/s，光谱范围为 0.4～0.8μm，变焦镜头 F 为 42～270mm。由此在速高比值测量系统的应用过程中产生了一个关键问题，就是速高比值测量系统与航空遥感相机分辨率不匹配。

本书研究的速高比值测量系统是独立于航空遥感相机系统的测量仪器，速高比值测量系统的实时输出即速高比值 V/H 等同于飞行载体中的遥感相机所处状态的速高比值。遥感相机应根据速高比值测量系统传输来的 V/H 参数值实时对遥感图像进行像移补偿以消除像移产生的图像模糊、提高遥感图像的质量。前面论述的速高比值测量系统分辨率只能达到像元级，即只能达到 10μm，而这低于遥感相机 VOS40/500 的 7.4μm 像元分辨率。因此，如果遥感相机直接采用速高比值测量系统的输出进行像移补偿会带来很大的误差，降低系统精度和图像质量。为此，需要在不改变速高比值测量系统所使用面阵 CCD 的前提下对速高比值测量系统进行分辨率提升，使其分辨率达到亚像元级。下面采用 B 样条插值法实现速高比值测量系统的亚像元成像，根据理论分析可以将空间分辨率提高 1.6 倍，使得速高比值测量系统的空间分辨率尺寸小于遥感相机 VOS40/500 的 7.4μm 像元分辨率。

8.1　CCD 像元超分辨率成像技术

在航空、遥感、军事侦察以及目标识别、定位及动态跟踪、图像识别、医学成像、机器人视觉等众多领域实现图像的超分辨率提升一直是研究的热点问题。超分辨图像重建技术是将相关性和互补性很强的多幅图像的有用信息综合在一起以此解决原始单源观测图像包含信息量少的问题。早期的超分辨率问题主要是针对光学系统，但随着光电数字化成像技术逐步取代原有的光学成像系统，超分辨率问题也逐渐演变为光电接收器件（主要是 CCD 图像传感器）的超分辨率问题。在光学系统的通光孔径和系统调制传递函数相同的条件下，CCD 的像元尺寸越小图像的分辨率越高。但是由于制造工艺以及制造成本的限制，CCD 像元的尺寸不能无限制地减小。另外，小尺寸像元在灵敏度和计算速度等方面也会低于大尺寸像元，同时随着 CCD 像元尺寸的减少，CCD 所受散粒噪声的干扰增加。因此，如何解决在 CCD 像元尺寸及相机的焦距固定不变的条件下提高相机的分辨率是一个重要问题。

8.1.1　CCD 图像超分辨率技术的引出

设速高比值测量系统中 CCD 像元大小为 a，采样间隔为 d，采样频率是采样间隔的倒数，为 $1/d$，CCD 输出信号的截止频率 f_c 等于光学系统的截止频率，即

$$f_c = \frac{1}{\lambda F^\#} \tag{8.1}$$

式中，λ 为光学平均波长；$F^\#$ 是光学系统 F 数。

香农采样定理的描述为如果要不失真地恢复模拟信号，采样频率应该不小于模拟信号频谱中最高频率的 2 倍，因此，CCD 输出信号的采样频率应不小于 CCD 输出信号截止频率 f_c 的 2 倍，即

$$f \geqslant 2f_c \tag{8.2}$$

把式（8.1）代入式（8.2）得

$$\frac{1}{d} \geqslant \frac{2}{\lambda F^\#} \text{ 或 } \frac{\lambda F^\#}{2d} \geqslant 1 \tag{8.3}$$

目前，实际的遥感相机系统中存在普遍的采样频率过低不满足香农采样定理即式（8.3）的情况，例如，法国 SPOT-5 卫星 CCD 信号的采样频率与截止频率之间关系为 $\frac{\lambda F^\#}{2d} = 0.162$；"资源 1 号"卫星仅为 $\frac{\lambda F^\#}{2d} = 0.085$，由此可见，提高 CCD 输出信号的采样频率对于提高图像质量是有实际意义的。解决上述问题的技术即所谓的 CCD 图像超分辨率技术。

8.1.2　超分辨率技术的研究现状

目前超分辨率成像技术实现法主要分为微扫描和亚像元技术两种。

微扫描类似一个采样的过程，它利用微扫描装置将光学系统所成的图像在 x, y 方向进行 N（N 为整数）像素距的位移，得到 $N×N$ 帧的欠采样图像，并运用数字图

像处理器将经过亚像元错位得到的多帧图像按照获得图像的方式和顺序进行融合重建成一帧图像，从而达到最终实现提高分辨率的目的。微扫描技术广泛应用于遥感、红外成像制导、军事侦察、军事预警等方面。

1991 年，英国两家科研机构（Wright Laboratory's Avionics Directorate 和 Royal Signals and Radar Establishment）联合进行了实验研究，证明了通过微扫描技术可以有效改善系统成像质量[30]。1992 年，日本富士通公司的 Atsugi 红外设备实验室通过执行 2×2 的微扫描模式成功使得奈奎斯特（Nyquist）频率增加一倍[31]。1994 年，加拿大魁北克国防研究院开发了一种高性能的快速微扫描装置，实验证明通过 4×4 的微扫描模式得到的最终图像远好于常规成像[32]。1996 年，美国 FLIR System Inc.（FSI）将微扫描技术应用于红外热像仪中，该公司成功地将微扫描成像技术应用于轻型直升机、小型舰船和远程驾驶等交通工具中[33]。2002 年，浙江大学计算机软件研究将微扫描应用于 CMOS 图像传感器，实验证明微扫描方法能提高信噪比和成像质量，特别适用于拍摄静止画面和缓慢运动物体图像[34,35]。

亚像元成像技术是将光电成像系统中一排探测器线阵变成线阵方向上错开半个像元、在扫描方向上错开（n+0.5）或 n 个像元（n 为正整数）的两排探测器线阵列，然后利用线阵列方向的探测器错位，扫描方向上通过提高或不提高时间采样频率的方法来提高推扫式传输型航天遥感相机地面像元分辨率的方法。以色列的 EROS-B1 卫星利用亚像元技术将分辨率从 0.85m 提高到 0.5m。Leica/Hellawa 光学仪器公司和法国国家航天研究中心已经成功将亚像元技术应用到交错 CCD 传感器阵列的研究中，并已将其分别用于"ADS40"和"SPOT5"卫星。

8.1.3　表征系统空间分辨率的两个要素

系统空间分辨率是表征系统分辨物体细节的能力，是一个很重要的评价系统性能指标的参数。而光电成像系统的空间分辨率主要由光学系统和光电接收器件（如 CCD）两个方面限制。

（1）对于光学系统，瑞利定义的衍射分辨率（diffractive resolution）如下：对于理想光学系统来说，经过光学系统能分辨的两个等亮度点间的距离对应艾里斑的半径 r，即一个亮点的衍射图案中心与另一个亮点的衍射图案的第一个暗环重合时，这两个亮点则能被分辨，这时在两个衍射图案光强分布的叠加曲线中有两个极大值和一个极小值，其极大值和极小值之比为 1：0.735。将该物方分辨距离称为衍射分辨率，如式（8.4）所示：

$$\delta x_{\text{diff}} = \frac{r}{f}R = \frac{1.22\lambda R}{D} \tag{8.4}$$

式中，r 是艾里斑的半径；f 是光学系统焦距；λ 为波长；R 是物距；D 是瞳孔直径。

（2）对于光电接收器件，以 CCD 为例。不同分辨率的 CCD 是由不同尺寸的像元阵列构成的，每一个像元又分为感光区和非感光区，感光探测面积占像元的整个面积的比值不足 100%，如图 8.1 所示，d 是 CCD 像元尺寸，也是像元间距，P 是像元中感光区尺寸。P 与 d 的比值被称为 CCD 的填充因子。

图 8.1　CCD 结构
示意图

光电接收器件的空间分辨率用式（8.5）表示：

$$\delta x_{\text{det}} = R\left(\frac{2d}{p}\right) \tag{8.5}$$

虽然系统分辨率是光学系统和光电接收器件（CCD）两者可分辨距离的最大值，但光学系统所形成的艾里斑投影在 CCD 像面上的直径小于一个感光区的尺寸，因此，系统分辨率主要取决于光电接收器件（CCD）的分辨率，也就是取决于光电接收器件（CCD）的采样过程。针对这种低采样频率对系统分辨率的限制，利用序列欠采样图像融合技术实现 CCD 图像的超分辨重建技术，以此来提高采样频率，提高系统空间分辨率。

8.2　基于 B 样条插值法的面阵 CCD 超分辨率成像

8.2.1　B 样条数学理论

B 样条曲线的定义如下：已知 $n+1$ 个控制点 V_i $(i=0,1,\cdots,n)$，将 $k-1$ 次代数式

$$P(u) = \sum_{i=0}^{n} N_i \cdot F_{i,k}(u) \tag{8.6}$$

称为 B 样条曲线。其中，$F_{i,k}(u)$ 为基函数，按 Cox-deBoor 递归公式定义如下：

$$F_{i,1}(u) = \begin{cases} 1, & u_i \leqslant u < u_{i+1} \\ 0, & \text{其他} \end{cases} \tag{8.7}$$

$$F_{i,k}(u) = \frac{(u-u_i)F_{i,k-1}(u)}{u_{i+k-1}-u_i} + \frac{(u_{i+k}-u)F_{i+1,k-1}(u)}{u_{i+k}-u_{i+1}}, \quad k \geqslant 2 \tag{8.8}$$

式中，u_i 为节点值。

当 $u_{i+1}-u_i$ 等于常数时为均匀 B 样条曲线；当 $u_{i+1}-u_i$ 不等于常数时为非均匀 B

样条曲线。令 $L = k + 1 - n$ ， L 为段数，说明由 $k+1$ 个控制点生成的 $n-1$ 次 B 样条曲线共有 L 段，每一段由 n 个顺序排列的点控制。

本书在对面阵 CCD 进行超分辨率处理时采用均匀 B 样条曲线插值法，因此以下讨论均匀 B 样条曲线的数学理论。

均匀 B 样条曲线坐标位置的混合函数表达式为

$$P(u) = \sum_{k=0}^{n} p_k \cdot B_{k,d}(u), \quad u_{\min} \leq u \leq u_{\max}, \quad 2 \leq d \leq n+1 \quad (8.9)$$

均匀 B 样条曲线混合函数递归公式定义为

$$B_{k,1}(u) = \begin{cases} 1, & u_k \leq u < u_{k+1} \\ 0, & 其他 \end{cases} \quad (8.10)$$

$$B_{k,d}(u) = \frac{(u-u_k)B_{k,d-1}(u)}{u_{k+d-1}-u_k} + \frac{(u_{k+d}-u)B_{k+1,d-1}(u)}{u_{k+d}-u_{k+1}} \quad (8.11)$$

均匀 B 样条曲线基函数：

$$F_{l,n}(u) = \frac{1}{n!} \sum_{j=0}^{n-l} (-1)^j C_{n+1}^j (u+n-l-j)^n \quad (8.12)$$

式中， $0 \leq u \leq 1; l = 0,1,\cdots,n$ 。

给定 $m+n+1$ 个控制点，用 N_k 表示（ $k = 0,1,\cdots,m+n$ ），称 n 次参数曲线段 $P_{i,n}(u)$ 为 n 次均匀 B 样条曲线的第 i 段曲线。 $i = 0,1,\cdots,m$ ，共 $(m+1)$ 段。该 $(m+1)$ 段自然连接且 $(n-1)$ 阶连续。

$$P_{i,n}(u) = \sum_{l=0}^{n} N_{i+l} \cdot F'_{l,n}(u), \quad u \in [0,1] \quad (8.13)$$

图 8.2 中有 7 个控制点，即 $m+n+1 = 7$ ， $n = 2$ ， $m = 4$ ，共有 $m+1 = 5$ 段，1 阶连续。

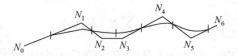

图 8.2　有 7 个控制点的 B 样条曲线

任意一条均匀 B 样条曲线的性质相同，为了方便分析，取 $i = 0$ ，即第 0 段 B 样条曲线。

$$P(u) = P_{0,n}(u) = \sum_{l=0}^{n} V_l \cdot F_{l,n}(u), \quad u \in [0,1] \quad (8.14)$$

以下直接讨论 $n = 3$ 的三次均匀 B 样条曲线及性质。

根据定义当 $n = 3$ 时三次均匀 B 样条曲线为

$$P(u) = \sum_{l=0}^{3} N_l \cdot F'_{l,3}(u), \quad u \in [0,1] \tag{8.15}$$

$$F'_{l,3}(u) = \frac{1}{3!} \sum_{j=0}^{3-l} (-1)^j C_4^j (u+3-l-j)^3 \tag{8.16}$$

$l = 0$，1，2，3 时 B 样条曲线基函数如下：

$$F'_{0,3}(u) = \frac{1}{6}(-u^3 + 3u^2 - 3u + 1), \quad l = 0$$

$$F'_{1,3}(u) = \frac{1}{6}(3u^3 - 6u^2 + 4), \quad l = 1$$

$$\tag{8.17}$$

$$F'_{2,3}(u) = \frac{1}{6}(-3u^3 + 3u^2 + 3u + 1), \quad l = 2$$

$$F'_{1,3}(u) = \frac{1}{6}u^3, \quad l = 3$$

故得出 $n = 3$ 时三次均匀 B 样条曲线为

$$P(u) = N_0 \cdot \frac{1}{6}(-u^3 + 3u^2 - 3u + 1) + N_1 \cdot \frac{1}{6}(3u^3 - 6u^2 + 4)$$

$$+ N_2 \cdot \frac{1}{6}(-3u^3 + 3u^2 + 3u + 1) + N_3 \cdot \frac{1}{6}u^3 \tag{8.18}$$

写成矩阵的形式为

$$\boldsymbol{P}(u) = \frac{1}{6} \begin{bmatrix} u^3 & u^2 & u & 1 \end{bmatrix} \begin{bmatrix} -1 & 3 & -3 & 1 \\ 3 & -6 & 3 & 0 \\ -3 & 0 & 3 & 0 \\ 1 & 4 & 1 & 0 \end{bmatrix} \begin{bmatrix} N_0 \\ N_1 \\ N_2 \\ N_3 \end{bmatrix}, \quad u \in [0,1] \tag{8.19}$$

在给定 $n+1$ 个型值点 $Q_i(i=0,1,\cdots,n)$ 的条件下利用式（8.19）进行插值构造一条通过这 $n+1$ 个型值点的三次均匀 B 样条曲线。如果这 $n+1$ 个型值点直接作为 B 样条曲线的控制顶点，即 N_i 等于 Q_i，此时得到的三次均匀 B 样条曲线不经过型值点 Q_i。因此，不能假设型值点等于控制顶点，需要根据型值点计算出控制顶点的值。方法如下。

令 $P_i(1) = P_{i+1}(0) = Q_i(i=0,1,\cdots,k)$，代入式（8.19）得到如下线性方程组：

$$V_i + 4V_{i+1} + V_{i+2} = 6Q_i, \quad i = 0,1,\cdots,k \tag{8.20}$$

对于非封闭曲线有

$$\begin{aligned} N_0 &= N_1 \\ N_{n+1} &= N_n \end{aligned} \tag{8.21}$$

根据式（8.19）～式（8.21）可求得通过型值点 $Q_i(i=0,1,\cdots,n)$ 的三次均匀 B 样条插值曲线。

对于封闭曲线有

$$N_n = N_0$$
$$N_{n+1} = N_1$$
（8.22）

根据式（8.19）、式（8.20）和式（8.22）可求得通过型值点 $Q_i(i=0,1,\cdots,n)$ 的三次均匀 B 样条插值曲线。

8.2.2　基于面阵 CCD 的亚像元动态成像系统原理

亚像元动态成像系统的基本原理是对同一目标获取多幅具有相互移位信息的低分辨率图像，然后通过对移位图像中的冗余信息的提取来提高 CCD 的几何分辨率。常用的方法有棱镜分光法和焦平面集成法。棱镜分光法是利用棱镜将光分成两路，然后分别成像于像面位置上的两片线阵 CCD 上，这两片线阵在线阵方向和扫描方向均错开半个像元，因而同时在两个线阵 CCD 上获得了两幅低分辨率的图像，综合两幅图像即对两幅图像进行交叉重组后得到一个高分辨率的图像。焦平面集成法是在同一个 CCD 器件内部集成有两片相同的线阵 CCD，且两片线阵 CCD 在线阵方向上错开半个像元，在扫描方向上错开 n 个像元。

本书选用棱镜分光的方法把目标分别成像于两片 CCD 上，同时获取两幅低分辨率图像。传统的亚像元动态成像技术使用的是两片线阵 CCD，而本书的速高比值测量系统是基于面阵 CCD，因此两片面阵 CCD 物理摆放方法以及输出图像数据的综合问题是在面阵 CCD 上实现亚像元动态成像的关键问题。

全帧转移式面阵 CCD 成像方式及转移结构如图 8.3 所示，CCD 的光敏单元进行光电转换后整个面阵列中靠近移位寄存器方向的第一行的光敏单元的数据首先被转移到移位寄存器，然后从最右端逐个按位移位经输出端输出。当寄存器中全部数据输出后整个面阵中靠近移位寄存器方向的第二行光敏单移位的数据被转移到移位寄存器而后逐个移位输出，如图 8.3 中箭头方向所示。直到整个阵列的所有行数据均通过移位寄存器，第一帧输出结束。面阵 CCD 的光敏单元开始第二帧图像数据的光电转换。

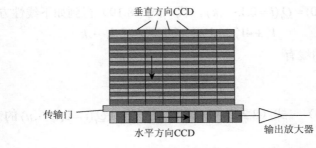

图 8.3　全帧转移式面阵 CCD 成像方式及转移结构

由此可以看出，对于全帧转移式面阵 CCD，每一行数据的输出过程类似于一片线阵 CCD，由此可以把一个面阵 CCD 看作由多个线阵 CCD 构成的阵列。两片面阵 CCD 的中心坐标在平面的 x 方向和 y 方向均错开半个像元，如图 8.4 所示，两片面阵 CCD 将分别获得在 x 方向和 y 方向均相差半个像元的图像。

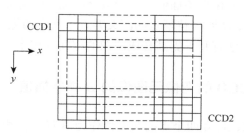

图 8.4　两片面阵 CCD 相对位置示意图

将图 8.4 中两幅图像的像元按照实际的位置穿插后得到的合成图像如图 8.5 所示。图中的○表示的是两个面阵 CCD 中所有真实的像元点，为了提高图像的分辨率，在各个真实像元点之间进行插值，图中×表示的是真实的 CCD 像元经过 B 样条插值后得到的插值点，●表示通过标号为 2、3、6、7 四个点进行 B 样条插值得到的插值点。这种两幅错位图像重组后再插值的方法经过理论分析证明可以将图像的成像空间分辨率提高 1.6 倍。

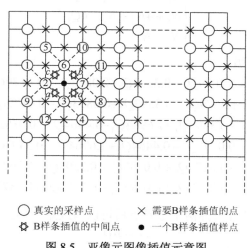

○ 真实的采样点　　　× 需要B样条插值的点
✿ B样条插值的中间点　● 一个B样条插值样点

图 8.5　亚像元图像插值示意图

以图 8.5 中所示的●点的 B 样条插值为例，其插值过程是由 1、2、3、4 四个真实像元点通过 B 样条插值得到一个中间插值点 a，由 5、6、7、8 四个真实采样点通过 B 样条插值得到一个中间插值点 b，由 10、6、2、9 四个真实像元点通过

B 样条插值得到一个中间插值点 c，由 11、7、3、12 四个真实像元点通过 B 样条插值得到一个中间插值点 d，再由 a、b、c、d 四个插值中间点通过数值平均而最终得到插值点。其余的需要进行 B 样条插值的点的插值过程与此相同，都是利用待插值点周围 12 个真实像元点经过 B 样条插值再求取平均值的方法最终得出待插值点。虽然经过一次 B 样条插值，中间点会增加系统运算量，但是显然插值得到的中间点 a、b、c、d 距离待插点的距离要近于真实的像元点 2、3、6、7，因此，提高 B 样条插值法有利于提高合成图像的空间分辨率。

8.2.3　基于面阵 CCD 的亚像元图像的 B 样条插值

以图 8.5 中 1、2、3、4 四个点的灰度值作为 B 样条曲线的型值点来说明 a 点的 B 样条插值计算过程。设这四个点的像素灰度值分别为 Q_0、Q_1、Q_2、Q_3，根据 8.2.1 节的内容可知，首先要经过 B 样条曲线的反算过程求出 B 样条曲线的六个顶点 N_0、N_1、N_2、N_3、N_4、N_5，这里 N_0 和 N_5 是补充的两个边界点。根据式（8.20）和式（8.21）可以得出以下方程组：

$$\begin{cases} N_0 = N_1 \\ N_0 + 4N_1 + N_2 = 6Q_0 \\ N_1 + 4N_2 + N_3 = 6Q_1 \\ N_2 + 4N_3 + N_4 = 6Q_2 \\ N_3 + 4N_4 + N_5 = 6Q_3 \\ N_4 = N_5 \end{cases} \quad (8.23)$$

求解该方程组得出：

$$\begin{cases} N_0 = 1.2679Q_0 - 0.3393Q_1 + 0.0893Q_2 - 0.0179Q_3 \\ N_1 = 1.2679Q_0 - 0.3393Q_1 + 0.0893Q_2 - 0.0179Q_3 \\ N_2 = -0.3393Q_0 + 1.6964Q_1 - 0.4464Q_2 + 0.0893Q_3 \\ N_3 = 0.0893Q_0 - 0.4464Q_1 + 1.6964Q_2 - 0.3393Q_3 \\ N_4 = -0.0179Q_0 + 0.0893Q_1 - 0.3393Q_2 + 1.2679Q_3 \\ N_5 = -0.0179Q_0 + 0.0893Q_1 - 0.3393Q_2 + 1.2679Q_3 \end{cases} \quad (8.24)$$

式（8.24）经过整理去掉两个边界点后可以写成矩阵形式，如式（8.25）所示：

$$N = BQ \quad (8.25)$$

式中，$N = \begin{bmatrix} N_1 \\ N_2 \\ N_3 \\ N_4 \end{bmatrix}$；$B = \begin{bmatrix} 1.2679 & -0.3393 & 0.0893 & -0.0179 \\ -0.3393 & 1.6964 & -0.4464 & 0.0893 \\ 0.0893 & -0.4464 & 1.6964 & -0.3393 \\ -0.0179 & 0.0893 & -0.3393 & 1.2679 \end{bmatrix}$；$Q = \begin{bmatrix} Q_1 \\ Q_2 \\ Q_3 \\ Q_4 \end{bmatrix}$。

将式（8.25）经过计算得出的 N_1、N_2、N_3 和 N_4 的值代入式（8.26）得

$$P(u) = \frac{1}{6}\begin{bmatrix} u^3 & u^2 & u & 1 \end{bmatrix}\begin{bmatrix} -1 & 3 & -3 & 1 \\ 3 & -6 & 3 & 0 \\ -3 & 0 & 3 & 0 \\ 1 & 4 & 1 & 0 \end{bmatrix}\begin{bmatrix} N_1 \\ N_2 \\ N_3 \\ N_4 \end{bmatrix}, \quad u \in [0,1] \qquad (8.26)$$

由式（8.25）和式（8.26）得

$$P(u) = \frac{1}{6}\begin{bmatrix} u^3 & u^2 & u & 1 \end{bmatrix} \cdot \begin{bmatrix} -1 & 3 & -3 & 1 \\ 3 & -6 & 3 & 0 \\ -3 & 0 & 3 & 0 \\ 1 & 4 & 1 & 0 \end{bmatrix} \cdot \begin{bmatrix} 1.2679 & -0.3393 & 0.0893 & -0.0179 \\ -0.3393 & 1.6964 & -0.4464 & 0.0893 \\ 0.0893 & -0.4464 & 1.6964 & -0.3393 \\ -0.0179 & 0.0893 & -0.3393 & 1.2679 \end{bmatrix} \cdot \begin{bmatrix} Q_1 \\ Q_2 \\ Q_3 \\ Q_4 \end{bmatrix}$$

$$(8.27)$$

式中，$u \in [0,1]$。由式（8.27）得出一条经过 1、2、3、4 点且以 1、4 为端点的一条三次 B 样条曲线。

将 $u = 0.5$ 代入式（8.27）即可得出 a 点处的像素灰度值为

$$P(0.5) = \frac{1}{6}\begin{bmatrix} 0.5^3 & 0.5^2 & 0.5 & 1 \end{bmatrix} \cdot \begin{bmatrix} -1 & 3 & -3 & 1 \\ 3 & -6 & 3 & 0 \\ -3 & 0 & 3 & 0 \\ 1 & 4 & 1 & 0 \end{bmatrix}$$

$$\cdot \begin{bmatrix} 1.2679 & -0.3393 & 0.0893 & -0.0179 \\ -0.3393 & 1.6964 & -0.4464 & 0.0893 \\ 0.0893 & -0.4464 & 1.6964 & -0.3393 \\ -0.0179 & 0.0893 & -0.3393 & 1.2679 \end{bmatrix} \cdot \begin{bmatrix} Q_1 \\ Q_2 \\ Q_3 \\ Q_4 \end{bmatrix} \qquad (8.28)$$

同理，可以求出 b、c、d 点处的像素灰度值，待插值点●的像素灰度值为 $\dfrac{a+b+c+d}{4}$。

8.2.4　基于 B 样条插值法的面阵 CCD 超分辨率成像仿真

为了验证 B 样条插值法的有效性，利用 MATLAB 软件进行仿真实验。图 8.6（a）所示是一幅分辨率为 256×256 像素的高分辨率图像，从图 8.6（a）经过两次采样分别得到相差半个像素的两幅 128×128 像素的低分辨率图像，为了方便比较，将低分辨率图像在水平方向和垂直方向都放大一倍，图 8.6（b）所示是其中的一幅低分辨率图像。图 8.6（c）所示是按照以 2、3、7、6 四个点直接取均值作为插值点的像素灰度值的插值方法得出的重构高分辨率图像，图 8.6（d）所示是经过 B 样条插值法得出的重构高分辨率图像。

(a) 256×256 像素　　　　(b) 128×128 像素

(c) 四点均值插值图像　　(d) B样条插值图像

图 8.6　对比图像

　　从仿真图中可以看出，128×128 像素的低分辨率图像相比于 256×256 像素的图像模糊严重，利用四点取均值插值法得到的图 8.6（c）比低分辨率图 8.6（b）图像质量有所好转，但是由于取均值过程的平滑处理不能恢复出图像中的高频细节信息，仍然存在图像模糊现象，图像复原效果不理想。图 8.6（d）中利用四条 B 样条曲线实现插值的方法最终得出的图像质量从视觉效果上看要高于图 8.6（c），效果更佳。

　　为了定量分析两种不同的图像复原效果，采用峰值信噪比作为指标，计算出图 8.6（c）和图 8.6（d）的峰值信噪比分别为 22.3829、24.2305，由此可见 B 样条插值法的峰值信噪比高于四点均值插值法。

8.3　基于神经网络的面阵 CCD 超分辨率成像

8.3.1　人工神经网络

　　人工神经网络模型是在现代神经生理学和心理学的研究基础上，模仿人的大脑神经元结构特性而建立起来的一种非线性动力学系统。它由大量简单的非线性处理单元高度并联、互联而成，具有对人脑某些基本特性简单的数学模拟能力。应用神经网络处理信息，不需要开发算法和规则，能极大地减少软件工作量。因而，它具有并行分布、非程序的、适应性的、大脑风格的信息处理本质和能力。神经网络已在语音识别、计算机视觉、图像处理、智能控制等方面显示出极大的应用价值。作为一种新的模式识别技术或知识处理方法，人工神经网络在故障诊断领域中显示了广阔的应用前景。

1. 人工神经元模型

神经元是神经网络的基本处理单元，它是人工神经网络的设计基础。神经元是一个多输入、单输出的非线性信息处理单元。图 8.7 所示的就是一种简化的神经元结构。

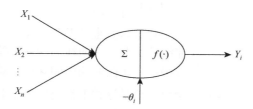

图 8.7　人工神经元结构

其输入输出关系可表示为

$$\mathrm{net}_i = \sum_{j=1}^{n} W_{ji} X_j - \theta_i \tag{8.29}$$

$$Y_i = f(\mathrm{net}_i) \tag{8.30}$$

式中，$X_1, X_2, \cdots, X_n$ 是神经元的输入，代表前级 n 个神经元的输出信息；θ_i 是神经元 i 的阈值；W_{ji} 表示从神经元 j 到神经元 i 的连接权值；net_i 为第 i 个神经元的净输入；Y_i 是神经元 i 的输出；$f(\cdot)$ 是激活函数，它反映了神经元的非线性信息处理的特性。

通常，$f(\cdot)$ 有如下几种类型：

（1）线性函数。

$$f(x) = x \tag{8.31}$$

此函数表示输入与输出呈线性关系。

（2）阶跃函数。

$$f(x) = \begin{cases} 1, & x > 0 \\ 0, & x \leqslant 0 \end{cases} \tag{8.32}$$

它表示神经元兴奋与冲动符合一个称为"全或无规律"的特征，即在其条件不变的情况下，不论何种刺激，只要达到阈值以上就产生一个动作电位，并以最快速度进行非衰减的等幅传递。如果输入总和低于阈值，则不能引起任何可见的反应。

（3）Sigmoid 函数。

对数函数

$$f(x) = \frac{1}{1 + e^{-x}} \tag{8.33}$$

正切函数

$$f(x) = \frac{1 - e^{-x}}{1 + e^{-x}} \tag{8.34}$$

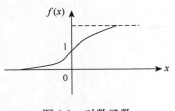

图 8.8　对数函数

对数函数曲线见图 8.8，它是一个单调递增的非线性函数。在曲线的两端，随 x 增加，$f(x)$ 递增缓慢；而在曲线的中间区域，随 x 增加，$f(x)$ 递增较快。正是这种非线性特性，使神经网络具有任意精度的泛函逼近能力。

常见的激活函数有阶跃函数、准线性函数、Sigmoid 函数等。其中 Sigmoid 函数的特点是函数本身及其导数都是连续的，在处理上十分方便，因此该函数在人工神经网络中得到了广泛的应用。

2. 人工神经网络的网络结构

人工神经网络是一个高度互连的复杂非线性系统，大量形式相同的神经元连接在一起就组成了神经网络。典型的网络结构有前馈网络、反馈网络等。

前馈网络中各神经元按层次排列，组成输入层、中间层（也称为隐含层，可有多层）和输出层。每一层的神经元只接受来自前一层神经元的输出，神经元从一层连接至下一层形成单向流通连接，后面的层对前面没有信号反馈，如图 8.9（a）所示。

典型的反馈网络如图 8.9（b）所示，每个神经元同时接受外加输入和其他各神经元的反馈输入，每个神经元也都直接向外输出。

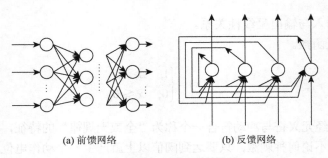

(a) 前馈网络　　　　　　　　　(b) 反馈网络

图 8.9　前馈网络和反馈网络

3. 人工神经网络的拓扑结构

单个神经元的信息处理能力有限，但将多个神经元连接成网络结构功能大大加强。神经元有多种类型，神经元间的连接有多种形式，将它们连接成的神经网络也有多种结构。从图 8.10 给出的神经网络拓扑结构来看，神经网络有以下几种。

（1）全互连型结构：网络中每个神经元与其他神经元都有连接。

（2）层次型结构：网络中的神经元网络有层次之分，各层神经元之间依次相连，并有层间反馈。

（3）网孔型结构：网络中的神经元构成一个有序阵列，每一个神经元只与其近邻神经元相连。

（4）区间组互连结构：网络中的神经元分成几组，以确定组内、组间连接原则构成网络。

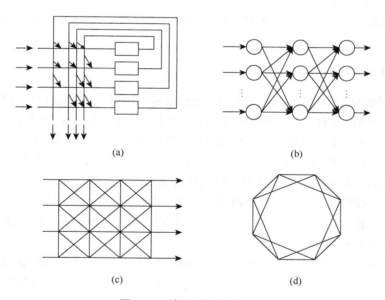

(a)　　　　　　　　　　　　　　(b)

(c)　　　　　　　　　　　　　　(d)

图 8.10　神经网络拓扑结构

4. 人工神经网络的学习模型

人工神经网络的学习能力是它最具有吸引力的特点。它具有近似人类学习的能力，这是其一个关键的方面。神经网络的学习过程也就是对神经网络的训练过程，神经网络通过对训练样本集的学习训练，按照一定方式不断地改变神经网络的连接权值。这样该神经网络即可将训练样本集的内涵以连接权值的形式存储起来。从而网络在接受输入时，可得到适当的输出。

1）学习方式

神经网络的学习方式有三种：监督学习（有教师学习）、非监督学习（无教师学习）、再励学习（增强学习）。

监督学习需要外界存在一个"教师"，它可以对给定一组输入提供应有的输出结果，这组已知的输入-输出数据称为训练样本集，神经网络可根据已知输出与实际输出之间的差值（误差信号）来调节系统参数。

非监督学习不存在外部"教师"，按照环境提供数据的某些统计规律，学习系统调节自身参数或结构来表示外部输入的某种固有特性。

再励学习则介于上述两种情况之间，外部环境对系统输出结果只给出评价信息（奖或惩），而不是给出正确答案。学习系统通过强化那些受奖的动作来改善自身的性能。

2）学习算法

常用的学习算法（学习规则）有 Widrow-Hoff 算法、Back-Propagation 算法、δ 算法。

5. 神经网络的特点

神经网络模型有 BP 神经网络、Hamming 神经网络、Hopfield 神经网络等多种类型。神经网络是对自然生物神经系统的一种模拟，它吸取了生物神经网络的许多优点，具有不同于传统数字计算机的特点。神经网络具有以下几个突出的特点。

（1）并行处理性。众多简单的人工神经元广泛互连形成了人工神经网络，神经元集体的、并行的活动，使得神经网络对信息的处理效果与能力惊人。

（2）非线性映射能力。神经网络中的每个神经元大量接受其他神经元的输入，并通过产生输出影响其他神经元。人工神经网络是大规模的非线性系统，具有很强的非线性处理能力。

（3）知识的分布存储。神经网络中各神经元之间分布式的物理联系实际上是知识与信息的存储表现方式。知识分散地表示和存储于神经网络内的各神经元及其连线上。只有通过各神经元的分布式综合效果才能表达出特定的概念和知识。这是由于每个神经元及其连线只表示一部分信息，而不是一个完整具体概念。

（4）较强的鲁棒性和容错性。每个信息处理单元既包含对集体的贡献，又无法决定网络的整体状态，这是由神经网络的结构特点和神经网络信息存储的分布式特点所决定的。这些也意味着神经网络的局部故障并不影响整体神经网络输出的正确性。

（5）自适应和自学习的能力。人工神经网络最突出的特点是具有自适应和自学习的能力。人工神经网络是在对训练样本集的学习中产生它自己的规则，该规则就是改变或修正神经网络的连接权值来响应样本的输入和这些输入所要求的输出，呈现出对环境的自适应能力和很强的自学习能力。

（6）联想功能。与传统的人工智能相比，神经网络最大的亮点是在信息处理时不但具有记忆能力，更重要的是有联想功能。联想功能可从一个模糊的或不完整的模式中，联想出存储在记忆中的某个完整清晰的模式。

8.3.2　BP 神经网络

BP 神经网络是一种多层前馈神经网络，其算法本质上是以网络误差平方和为目标函数，按梯度下降（gradient approaches）法求其目标函数（objective function）使其达到最小值的算法。现阶段，在人工神经网络的实际应用中，绝大部分的神经网络模型均是采用 BP 神经网络或者 BP 神经网络的变化形式，它也是前向网络的核心部分，体现了人工神经网络中最核心、最精华的部分。

1. BP 神经网络结构

各种不同的网络模型能完成特定的信息处理功能。在故障诊断领域，一般要求的神经网络功能主要有推理功能、联想功能、学习功能和模式识别功能。而实现这些功能的网络若按其网络的结构来区分，主要有前馈型网络和反馈型网络。前馈型网络是一类单方向层次型网络模块，它包括输入层、隐含层和输出层，每层只能够接受前一层神经元的输入。而反馈型网络是一类可实现联想记忆和联想映射的网络，在前馈型网络基础上，允许各层之间存在反馈。

BP 神经网络是一种单向传播的多层前馈型网络，其结构如图 8.11 所示。BP 神经网络是一种具有三层或三层以上结构的神经网络，不仅有输入层、输出层，而且有隐含层（隐含层可以是一层或多层）。输入信号从输入层神经元输入，然后依次穿过各隐含层神经元，最后传到输出层神经元，每一层神经元的输出只影响下一层神经元的输出。

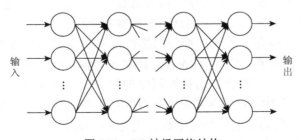

图 8.11　BP 神经网络结构

2. BP 神经网络的选择原则

关于 BP 神经网络的映射能力，有下面的完全性定理：含一个隐含层的三层 BP 神经网络，只要隐节点数足够多，该网络就能以任意精度逼近有界区域上的任意连续函数。所以 BP 神经网络具有很强的非线性逼近能力，而这主要取决于该神经网络的结构。BP 神经网络的结构选择主要有五个方面的内容：网络层数、输入层和输出层节点数、隐含层神经元数、初始值的确定和期望误差的选择。

1）网络层数

理论上一个线性输入层、一个隐含层加一个线性输出层的基本结构可以用来逼近任何函数。而增加层数可以更好地使误差减小，提高模式识别的准确性和精确程度，但是在提高准确性的同时，网络的拓扑结构更加复杂，导致其自适应运算速度有较大的衰退。

2）输入层和输出层节点数

这主要由应用要求决定，输入节点数一般等于要训练的样本矢量的维数，可以是原始数据的维数或提取的特征组数；输出节点数在分类网络中取类别数 m 或 $\log_2 m$，在逼近网络中取要逼近的函数输出空间维数。

3）隐含层神经元数

网络训练精度的提高可以通过采用一个隐含层而增加其神经元数的方法来得到，这在结构实现上要比增加更多的隐含层简单得多。一般地讲，网络隐含层神经元数的选择原则为：在能够解决问题的前提下，再加 1～2 个神经元以加快误差的下降速度。

隐含层主要起抽象的作用，可以从输入提取特征值，增加隐含层可以提高整个神经网络的运算能力，但是同时也会使网络结构复杂化，使得运算能力降低的同时增加训练的时间。含有两层隐含层的神经网络可以对任意要求下的判决条件进行分类。但是，两层隐含层网络并不一定比单隐含层更优越。而在本书设计的故障诊断系统中，因为输出不单是二进制分类，所以选择除了隐含层之外增加一层关联层的神经网络。

隐含层神经元个数太多会使学习时间过长，误差也不一定达到最佳，因此，存在一个最优隐含层单元数。下面介绍 3 种参考求解方法。

（1）只有一层隐含层的人工神经网络经过多次迭代可以逼近输入的任意函数，隐含层神经元的节点数目为 $2N+1$，其中 N 为输入的节点数。

（2）具有不止一层隐含层的神经网络的隐含层神经元节点个数可以用公式 $H = \log_2 T$ 估算。其中，H 定义为隐含层神经元个数，T 则为输入训练模式数。

（3）计算参考的隐含层神经元个数公式为 $J = \sqrt{m+n} + a$，其中，m 为输出神经元节点数，n 为输入神经元节点数，a 为 1～10 中的任意一个常数。

对于故障诊断系统来说，由于输入和输出通常为二值函数，当选择隐含层神经元个数较少时，会出现较多的局部极小值；而当选择的隐含层神经元个数较多时，局部极小值比较少。因而，增加隐含层节点数可以提高网络的匹配精度，而为了提高整体的概括能力，又要求适当减少隐含层神经元的个数。因此，隐含层节点数应该是精确度和概括性有机结合考虑的结果。

4）初始值的确定

通常初始化的权值选择为随机生成的最小值，取值范围通常在 (−1, 1)。而对于具有多个输入神经元的初始值应该选择更小的，这样可以确保加权之后的和接近 0，否则学习速率将会变慢。

5）期望误差的选择

显然，在神经网络最后的输出与期望的输出会有误差，然后根据误差反向传播修正各层权值系数，然而误差的选择是否合理会对该网络的性能有重要影响。当误差值较小时网络更精确，然而会大大降低计算效率，而过大的误差值也许会使最终结果不能满足实际需要。这就要求设计者在设计过程中对性能和效率进行统筹安排。

3. BP 神经网络的传递函数

根据资料可知，神经元的传递函数（激活函数）反映神经元的特性，是影响神经网络的重要因素之一，不同类型的神经网络有着不同类型的激活函数。下面介绍针对 BP 神经网络所采用的传递函数。常用的传递函数如下。

（1）S 型函数。S 型函数是一种函数曲线形状像 S 的函数，中间的部分增益比较大，两端的部分增益比较小，这类函数的特点是既适合处理小信号，又适合处理大信号，与生物体的神经元的激励现象类似。因为这些特点，这类函数在 BP 神经网络中得到了广泛的应用。常用的 S 型函数有单极性 Sigmoid 函数和双极性 Sigmoid 函数（或称双曲线正切函数），表达式分别为

$$f(x) = \frac{1}{1+e^{-x}} \tag{8.35}$$

$$f(x) = \frac{1-e^{-x}}{1+e^{-x}} \tag{8.36}$$

（2）高斯型函数。高斯型函数的特点是可以自然地对输入向量进行分块，提高梯度下降方法的收敛速度。所以神经网络领域中高斯型函数也是被广泛采用的一种函数。高斯型函数的表达式为

$$f(x) = \frac{(x-c)^2}{e^{2\sigma^2}} \tag{8.37}$$

式中，c 和 σ 是函数的两个参数，一般在应用中取其标准形式为

$$f(x) = e^{-x^2} \tag{8.38}$$

（3）周期型函数。一般常用的周期函数以 sin、cos 为代表。

以上各式中的 $f(x)$ 都具有连续性、可导性的特点，并且以上各式满足：

$$f'(x) = f(x)[1 - f(x)] \tag{8.39}$$

以上可以看出，作为 BP 神经网络的激活函数都是可微的，这样对于 BP 神经网络所划分的区域就不再是一个线性划分，而是由一个非线性超平面组成的区域，由于是一个平滑的曲面，所以分类就比线性划分更加精确，容错性也更好。

4. BP 神经网络的学习过程

BP 神经网络的学习过程分为两个阶段。

第一阶段是信号的正向传播：输入样本从输入层输入，然后经隐含层逐层处理后，最后传向输出层，在输出层产生输出信息。在这一阶段，网络各神经元的连接权值固定不变，如果输出层的实际输出与期望的输出不相等，那么进入误差信号反向传播过程。

第二阶段是误差信号反向传播：网络的实际输出与期望输出之间的差值即误差信号，以某种方式将误差信号由隐含层向输入层逐层反传，此为误差信号的反向传播。在误差信号反向传播的过程中，神经网络的权值由误差反馈进行调节。通过权值的不断修正，神经网络的实际输出更接近期望输出。

以上这两个阶段反复交替，使得误差信号最小。实际上，当误差达到人们所希望的要求或进行到预先设定的学习次数时，神经网络的学习过程就结束。

BP 神经网络中一般采用连续可微的 Sigmoid 函数作为神经元的激活函数。

5. BP 学习算法步骤

BP 算法的基本原理是，网络的学习过程由信号的正向传播与误差的反向传播两个过程组成。正向传播时，输入样本从输入层输入，经各个隐含层处理后，传向输出层。如果输出层的实际输出与期望的输出不符，则算法转入误差的反向传播阶段。误差的反向传播阶段是将输出误差以某种形式，经过隐含层向输入层逐层反传，并将误差分摊给各层的所有神经元，从而获得各层神经元的误差信号，此误差信号即作为修正各个神经元权值的依据。这种信号正向传播与误差反向传播的各层权值调整过程是周而复始地进行的。权值不断调整的过程，也就是网络的学习训练过程。

BP 神经网络不断重复上述过程一直进行到网络输出的误差减少到可以接受的程度，或进行到预先设定的最大学习次数为止，即完成了整个的学习过程。事

实上，在这个学习过程中，BP 神经网络通过调整网络的权值与阈值建立了输入与输出之间的隐含数学关系，达到了对学习样本的记忆功能，从而具有了分类的功能。

标准 BP 算法是基于梯度下降法的学习算法，学习过程是通过改变权值和阈值使输出期望值和神经网络实际输出值的均方误差趋于最小而实现的。现在以一个典型的三层 BP 神经网络（输入层有 n 个神经元，隐含层有 p 个神经元，输出层有 q 个神经元）为例，详细描述标准 BP 算法。为了使算法描述方便，先定义下面的向量和变量：输入层向量为 $\boldsymbol{x} = (x_1, x_2, \cdots, x_n)$；隐含层输入向量为 $\boldsymbol{h}_i = (h_{i_1}, h_{i_2}, \cdots, h_{i_p})$；隐含层输出向量为 $\boldsymbol{h}_o = (h_{o_1}, h_{o_2}, \cdots, h_{o_p})$；输出层输入向量为 $\boldsymbol{y}_i = (y_{i_1}, y_{i_2}, \cdots, y_{i_q})$；输出层输出向量为 $\boldsymbol{y}_o = (y_{o_1}, y_{o_2}, \cdots, y_{o_q})$；期望输出向量为 $\boldsymbol{d} = (d_1, d_2, \cdots, d_q)$；输入层与中间层的连接权值为 w_{ih}；隐含层与输出层的连接权值为 v_{ho}；隐含层各神经元的阈值为 b_h；输出层各神经元的阈值为 c_o；样本数据个数为 $k = 1, 2, \cdots, m$；激活函数为 $f(\cdot)$。

BP 标准算法具体实现步骤如下。

（1）网络初始化。对网络的权值 w_{ih}、v_{ho} 和阈值 b_h、c_o 分别赋一个（–1, 1）的随机数，令学习次数 $t = 1$ 和 $k = 1$，给定计算精度值 ε 和最大学习次数 T。

（2）选取第 k 个输入样本 $\boldsymbol{x}(k) = (x_1(k), x_2(k), \cdots, x_n(k))$ 及对应期望输出 $\boldsymbol{d}(k) = (d_1(k), d_2(k), \cdots, d_q(k))$，提供给网络。

（3）计算隐含层和输出层各神经元的输入和输出。

$$h_{i_h}(k) = \sum_{i=1}^{n} w_{ih} x_i(k) - b_h, \quad h = 1, 2, \cdots, p \tag{8.40}$$

$$h_{o_h}(k) = f(h_{i_h}(k)), \quad h = 1, 2, \cdots, p \tag{8.41}$$

$$y_{i_o}(k) = \sum_{h=1}^{p} v_{ho} h_{o_h}(k) - c_o, \quad o = 1, 2, \cdots, q \tag{8.42}$$

$$y_{o_o}(k) = f(y_{i_o}(k)), \quad o = 1, 2, \cdots, q \tag{8.43}$$

（4）利用网络期望输出 $\boldsymbol{d}(k) = (d_1(k), d_2(k), \cdots, d_q(k))$ 和实际输出 $y_{o_o}(k)$，计算误差函数对输出层的各神经元的偏导数 $\delta_o(k)$ 为

$$\delta_o(k) = (d_o(k) - y_{o_o}(k)) y_{o_o}(k)(1 - y_{o_o}(k)) \tag{8.44}$$

（5）利用隐含层到输出层的连接权值 v_{ho}、输出层的 $\delta_o(k)$ 和隐含层的输出 $h_{o_h}(k)$，计算误差函数对隐含层各神经元的偏导数 $\delta_h(k)$：

$$\delta_h(k) = \left[\sum_{o=1}^{q} \delta_o(k) v_{ho} \right] h_{o_h}(k)(1 - h_{o_h}(k)) \tag{8.45}$$

（6）利用输出层各神经元的 $\delta_o(k)$ 和隐含层各神经元的输出 $h_{o_h}(k)$ 来修正连接权值和阈值为

$$v_{ho}(t+1) = v_{ho}(t) + \eta\delta_o(k)h_{o_h}(k) \tag{8.46}$$

$$c_o(t+1) = c_o(t) + \eta\delta_o(k) \tag{8.47}$$

（7）利用隐含层各神经元的 $\delta_h(k)$ 和输入层各神经元的输入 $x_i(k)$ 来修正连接权值和阈值为

$$w_{ih}(t+1) = w_{ih}(t) + \eta\delta_h(k)x_i(k) \tag{8.48}$$

$$b_h(t+1) = b_h(t) + \eta\delta_h(k) \tag{8.49}$$

（8）如果全部学习样本未取完即 $k < m$ 时，则 $k = k+1$，返回步骤（2）；否则进行步骤（9）。

（9）计算总误差 E 为

$$E = \frac{1}{2}\sum_{k=1}^{m}\sum_{o=1}^{q}(d_o(k) - y_o(k))^2 \tag{8.50}$$

（10）当 $E < \varepsilon$ 或学习次数大于设定的最大次数 T 时，训练结束；否则 $t = t+1$，$k = 1$，返回步骤（2）。

从上面 BP 算法的实现步骤来看，步骤（3）为"信号的正向传播"，步骤（4）～（7）为"误差信号反向传播"，步骤（8）～（10）则是网络的收敛过程。由"信号的正向传播"与"误差信号反向传播"的反复交替进行的网络训练过程，也就是反复学习，根据期望输出与网络实际输出的误差调整连接权的过程。随着"信号的正向传播"与"误差信号反向传播"过程的反复交替进行，网络的实际输出逐渐向各自所对应的期望输出逼近。

采用 BP 算法训练网络的具体程序流程如图 8.12 所示。

6. BP 神经网络的优化

BP 神经网络是人工神经网络中应用较广泛并获得成功的方法之一。但它还存在一些不足之处，如收敛速度太慢、有时会遇到局部极小等问题、对于大样本也难以收敛。下面介绍几种 BP 神经网络的优化算法。

1）遗传算法

遗传算法用于神经网络连接权的优化的基本原理是将遗传算法用于神经网络的训练，以优化网络的权重（权值和阈值），在整个优化过程中，神经网络的结构部分均固定不变。对于前馈神经网络的训练，BP 算法是最为常用的学习算法之一。然而 BP 算法是一种梯度下降法，因而不可避免地存在不足，如易陷入局部极小点。而遗传算法则是克服这一不足的有效解决办法，主要是由于遗传算法是一种全局优化搜索算法，因而能够避开局部极小点。遗传算法作为训练神经网络的学习算法，应主要解决编码方案问题，即网络权重的编码方案。

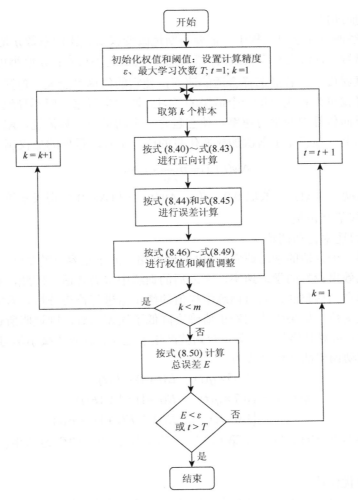

图 8.12 训练网络流程图

用遗传算法进行神经网络连接权优化的步骤如下：

（1）选定网络结构和学习规则，随机产生一组权重值，利用某种编码方案对每个权重值进行编码。

（2）计算神经网络的误差函数，从而给出遗传算法所需的适应度函数，误差值越小，适应度值越高。

（3）选择若干适应度函数值大的个体直接遗传给下一代，其余按照适应度函数值确定的概率遗传。

（4）对当前群体进行交叉和变异等遗传操作，产生下一代群体。

（5）重复步骤（2）～（4），直至取得满意解。

2）附加动量法

BP 神经网络在学习过程中，需要不断地改变权值。比例系数 η 是学习速率，它是一个常数。η 值大网络收敛快，但是过大会引起不稳定；η 值小可避免振荡，但收敛速度就慢了。若能选择合适的速率，使它的值尽可能大，但又不至于引起振荡，这样就可为系统提供一个最快的学习。增大学习速率而不导致振荡的方法就是修改反向传播中的学习速率，使它包含一个动量项。具体说，就是每个加权调节量上加上一项正比于前次加权变化量的值。带有动量项的加权调节公式为

$$\Delta w(t+1) = \eta \frac{\partial E}{\partial w} + \alpha \Delta w(t) \tag{8.51}$$

式中，α 是动量系数，一般取 0.9 左右；$\Delta w(t+1)$ 和 $\Delta w(t)$ 分别表示第 $t+1$ 次、第 t 次迭代的权值修正量。

3）学习速率自动调整法

要选择一个合适的学习速率给 BP 神经网络，并不是容易的事情。BP 神经网络训练初期效果较好的学习速率，在之后的训练中未必合适。因此，有学者提出了学习速率自动调整法：先对训练中权值的修正值进行检查分析，看它是否真正降低了误差函数，如果权值的修正值确实降低了误差函数，则说明所选择的学习速率偏小了，可对其增加一个量，否则就产生了过调，就应该减小学习速率的值。学习速率自动调整法调整公式为

$$\eta(t+1) = \begin{cases} 1.05 \times \eta(t), & E(t+1) < E(t) \\ 0.7 \times \eta(t), & E(t+1) > 1.04E(t) \\ 1.0 \times (t), & E(t) \leqslant E(t+1) \leqslant E(t) \end{cases} \tag{8.52}$$

式中，$\eta(t+1)$ 和 $\eta(t)$ 分别表示第 $t+1$ 次、第 t 次迭代后的学习速率；E 为误差函数。

4）LM 优化法

LM（Levenberg-Marquardt）优化法的基本思想是使其每次迭代不再沿着单一的负梯度方向，通过在梯度下降法和高斯-牛顿法之间自适应调整来优化网络权值，使网络能够有效收敛，大大提高了网络的收敛速度和泛化能力。LM 优化法的权值调整公式为

$$\Delta w = (\boldsymbol{J}^{\mathrm{T}} \boldsymbol{J} + m\boldsymbol{I})^{-1} \boldsymbol{J}^{\mathrm{T}} \boldsymbol{e} \tag{8.53}$$

式中，$\boldsymbol{J}$ 是雅可比矩阵，它的元素是网络误差函数对权值和阈值的一阶导数；$\boldsymbol{e}$ 是网络的误差向量。当系数 $m = 0$ 时，式（8.53）即为牛顿法；当系数 m 的值很大时，式（8.53）变为步长较小的梯度下降法。牛顿法逼近最小误差的速度更快、更精确，因此应尽可能使算法接近牛顿法，在每一步成功迭代后，即网络的误差性能减小，减小 m 的值；仅在进行尝试性迭代后误差性能增加的情况下，才增加 m 的值。这样该算法每一步迭代后的误差性能总是减小的。

8.3.3　基于 BP 神经网络的面阵 CCD 超分辨率成像

BP 神经网络用于图像的超分辨成像必须要解决以下两个问题：

（1）如何获取训练 BPNN 的学习样本图像。

（2）如何使网络快速收敛。

1. 学习样本的获取

超分辨率成像是一个融合多帧低分辨率图像中的互补信息模拟生成一帧高分辨率图像的过程，其数学模型可以表述为

$$Y_k = H_k X + n_k , \ 1 \leqslant k \leqslant p$$

其中，p 为可得到的低分辨率图像的帧数；Y_k 是第 k 帧低分辨率图像；X 是高分辨率图像；n_k 是附加噪声；H_k 表示图像质量退化过程。

原图像 X 经过系数矩阵 $\boldsymbol{H}$ 的作用并附加噪声 n_k，可得到一个低分辨率图像序列 $Y_1, Y_2, \cdots, Y_k$，选取此低分辨率图像序列作为 BP 神经网络的输入样本图像，原图像 X 作为输出样本图像，经过网络的多次学习和训练，得到逼近输出样本图像的高分辨率图像。然而在实际的超分辨率成像问题中，作为网络输出的高分辨率图像往往是未知的，不能直接进行上述超分辨率成像模型的训练。但是退化模型是已知的，即可对高分辨率图像进行模糊、欠采样等操作，故可选取一逼近高分辨率图像的样本 X' 为神经网络的输出，对 X' 通过成像系统矩阵 $\boldsymbol{H}$ 的作用得到的低分辨率图像序列 $Y_1', Y_2', \cdots, Y_k'$ 为 NN 的输入，用训练成功后得到的网络参数重构高分辨率图像 X'。

例如，任取一帧低分辨率图像为输出样本图像，对该低分辨率图像进行欠采样和亚像素位移（undersampled and subpixel displacement，USD）操作，同时附加均值为 0、方差为 0.01 的高斯噪声，得到一个低分辨率图像序列，任取该序列中的 4 帧作为网络的样本输入图像，具体的 USD 过程如下[36]。

设原图像 $F(n_1, n_2)$ 的空间分辨率是 R_1，图像序列 $G_{i,j}(x, y)$ 的分辨率是 $R_L^k = R_I / k^2$，其中 k 为一个整常数。$i, j = 1, 2, \cdots, k$，分别代表了 x, y 方向的亚像素位移量。一个低分辨率传感器平面被分成 $k \times k$ 个单元，每一个单元被定义为一个亚像素。如果 F 被重复采样 K_2 次，空间 x, y 方向上分别位移一个像素，则可以获得分辨率是原图像 $1/k \times k$ 倍的低分辨率图像序列，低分辨率图像像素的强度值为与之对应的 $k \times k$ 个亚像素的平均值。图像获取过程可用如下公式表示：

$$G_{ij}^k(x,y) = \frac{1}{k \times k} \sum_{n_1=x_k}^{k(x+1)-1} \sum_{n_2=y_k}^{k(y+1)-1} F(n_{1-i}, n_{2-j}), \quad i, j = 1, 2, \cdots, k$$

在 $k \times k$ 个亚像素范围内重复以上欠采样过程，即得到了包含 $k \times k$ 帧 USD 的图像序列 $G_{ij}^k(x,y)$。

以 256×256 的高分辨率图像生成 64×64 的低分辨率图像序列的 USD 过程为例，亚像素位移值（0.25，0.25）：首先将一帧 256×256 的图像 F 整体右移 1 个像素，同时下移一个像素。然后分别将两帧图像进行退化处理，即自左上角起，每 4×4 个像素求平均值，并将所得平均值赋给低分辨率图像上对应位置的像素，这样产生的图像出现马赛克效应。这种模糊的方法与实际中传感器拍摄图片产生的模糊相似（例如，由于传感器技术的限制，远距离拍摄时相邻区域难以分辨而产生了欠采样的情况）。对 F 按上述过程重复采样 4×4 次，即 x, y 方向分别移位 1、2、3、4 个像素，就完成了从大小为 256×256 的高分辨率图像压缩成 4×4 帧大小为 64×64 的低分辨率图像序列 G 的过程。

2. 加速 BP 神经网络的收敛

在 BP 神经网络中，采用了误差反向传播算法。一般来讲，这种方法不能使系统快速收敛到令人满意的误差精度级别。

可以采用以下两种方法加速 BP 神经网络的收敛。

（1）用向量映射代替像素映射来提高网络的映射能力，以加快神经网络的收敛。

（2）在输入样本图像中注入均值为 0、方差为 0.01 的高斯噪声，以加速神经网络的收敛。这是因为训练早期噪声可能很大，随着训练的进行，噪声渐渐减小，最终减到 0，因而算法收敛。

传统而简单的高分辨成像方法采用像素映射，即把所有低分辨率序列图像的每一个像素都用作输入，与之对应的高分辨率图像的像素作为输出来训练网络。但是像素映射不可能有效收敛，原因有两点。

（1）像素映射没有考虑到低分辨率成像序列邻域信息的贡献。在 USD 图像序列形成过程中，低分辨率成像中像素的灰度值等于高分辨率成像中一个区域的像素平均灰度值。所以应该考虑使用一组邻域像素作为网络的输入和输出，而不是仅使用单一的一个像素，这与图像插值类似。

（2）像素映射没有考虑到图像边缘的映射属性。在低分辨率成像序列中，图像的边缘变得模糊。表 8.1 列出了两组低分辨率成像序列进行亚像素位移的数据。

表 8.1　从图像序列中提取的两组数据

图像	第一组	第二组
低分辨率图像	192，189，192，200	200，190，192，202
	150，149，152，161	160，152，153，161
	115，115，120，124	127，114，120，128
	115，118，120，121	135，140，142，150
高分辨率图像	147	196

　　该图像序列包含 16 帧低分辨率成像，图像序列中的 16 个像素对应着高分辨率参考图像中的一个像素。由表 8.1 可以看出，两组低分辨率成像序列中的数据分布彼此接近，但是与之对应的高分辨率成像中的数据却差异很大。如果把它们分别作为像素映射的两个输入和输出样本，网络将不可能实现这样的映射关系，原因是：如果一个像素映射把两个彼此相近的输入样本映射为两个完全不同的输出样本，那么该网络是不稳定且不可信的。所以采用向量映射来解决这个问题。所谓的向量映射神经网络（vector mapping neural network，VMNN），是用低分辨率成像序列中的一组邻域像素作为神经网络的输入向量，相应的样本输出图像的一组像素作为神经网络的输出向量，输入样本图像和输出样本图像分别被分割成若干个块，构成对应的向量映射对。

　　下面以 n 帧低分辨率成像超分辨成 1 帧高分辨率成像的过程为例，向量映射过程如图 8.13 所示：设输入样本图像为 64×64 的低分辨率成像序列，每帧都按 8×8 的小块进行划分，共被分成 $8 \times 8 = 64$ 个小块，则 n 帧低分辨率成像共被分成 $64 \times n$ 个小块；输出样本图像大小为 128×128 的高分辨率成像，将其按 16×16 的小块进行划分，共被分成 $8 \times 8 = 64$ 个小块；这样，低分辨率成像序列中的相同位置的小块一同被用作神经网络的输入，高分辨率成像中小块被用作神经网络的输出，二者构成一组向量映射对。

　　以 256×256 的标准 Lena 图像为实验参考图像。对该图像分别进行 2×2 和 4×4 的 USD 操作，分别得到 4 帧 128×128 的图像和 16 帧 64×64 的低分辨率成像序列。任取 1 帧 128×128 的图像作为向量映射神经网络的 HR 输出样本图像，任取 4 帧 64×64 的图像作为向量映射神经网络的低分辨率输入样本图像。对输入和输出样本图像分别按照图 8.13 的向量映射过程进行块分割和块映射，构成向量映射神经网络的 64 个向量映射对。设计向量映射神经网络的关键是确定输入向量和输出向量中包含的像素个数。本书中每个输入向量包含 4 帧低分辨率成像序列中同一位置处 8×8 的块向量，每个输出向量包含高分辨率成像中对应位置处的

16×16 的块向量。向量映射神经网络的结构为三层：输入层、隐含层和输出层。网络结构如图 8.14 所示，其中，X、Y 分别代表输入和输出向量，下标 n 代表低分辨率成像图像的数量，下标 m 为输入输出样本图像块映射的数量。在此，$n = 4$，$m = 64$。向量映射神经网络的各层神经元采用 Sigmoid 型可微函数作为传递函数，实现输入和输出之间的非线性映射关系；采用误差反向传播算法来更新网络连接权值；以梯度下降的方式最小化网络期望输出与实际输出之间的误差，即均方误差（mean squared error，MSE）。这样的负梯度向量代表误差下降最陡的方向，所以向量映射可以加速神经网络的收敛。

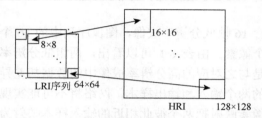

图 8.13　LRI 序列实现超分辨的向量映射过程

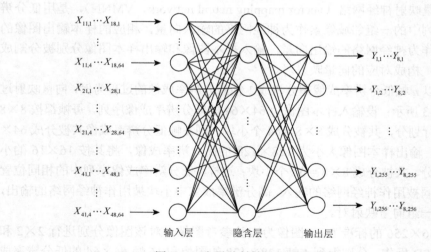

图 8.14　向量映射神经网络结构图

MSE 定义为

$$\frac{1}{2}\sum_{j=1}^{N}(o_j - d_j)^2 \tag{8.54}$$

式中，j 为训练集所有映射向量的对数；o_j 为第 j 个输出神经元的期望值；d_j 为

第 j 个输出神经元的实际值。连接权值以梯度下降的方式进行更新:

$$\Delta w_j = -\eta \frac{\partial \text{MSE}}{\partial w_j} \qquad (8.55)$$

式中,Δw_j 为权值变化量;η 为学习速率。

实验中对网络加入动量项 mc 以使网络稳定,训练全程采用均方误差函数MSE监视每一步训练都收敛于全局最优,网络经过反复迭代,最后耗时 370.7s,训练1529 步,收敛到均方误差 0.00001。网络训练仿真实验结果如图 8.15 所示。

(a) 神经网络输出样本图像
(大小为128×128)

(b) USS 图像序列中的一帧
(大小为64×64)

(c) 对(b)注入高斯噪声,为神经
网络的输入样本图像
(大小为64×64)

(d) 神经网络仿真图像
(大小为128×128)

图 8.15　仿真实验

与其他图像超分辨率重建方法不同的是,前述基于 BP 神经网络的方法在组织训练样本时是基于图像处理的方法,而不是仅依赖于具体学习的图像,因此,网络具有泛化性。

参 考 文 献

[1] 葛文奇. 复合式速高比计研究. 光学机械, 1986, (3): 39-48.

[2] 翟林培. 具有空间滤波的圆环扫描速高比计研究. 光学机械, 1986, (3): 25-32.

[3] 赵周伦, 钟太升, 侯方源. 圆环扫描速高比计研究. 光学机械, 1985, (6): 39-48.

[4] George W, Gigioli Jr, Andover M. Passive optical velocity measurement device and method: US5745226. 1998-4-28.

[5] 王庆有. 图像传感器应用技术. 北京: 电子工业出版社, 2003.

[6] 王庆有. 光电技术. 3 版. 北京: 电子工业出版社, 2013.

[7] 刘明, 修吉宏, 刘钢, 等. 国外航空侦察相机的发展. 电光与控制, 2004, 11 (1): 56-59.

[8] 程开富. CCD 图像传感器的市场与发展. 国外电子元器件, 2000, (7): 2-7.

[9] 张玉欣, 刘宇, 葛文奇. 基于 CMOS 图像传感器的实时二维相关测速法. 液晶与显示, 2010, 25 (6): 896-900.

[10] 张玉欣. 基于面阵 CCD 的速高比计研究. 长春: 中国科学院长春光学精密机械与物理研究所, 2011.

[11] 李云红, 屈海涛. 数字图像处理. 北京: 北京大学出版社, 2012.

[12] 张德丰. 数字图像处理 (MATLAB 版). 北京: 人民邮电出版社, 2009.

[13] 李建华, 李万社. 小波理论发展及其应用 (综述). 河西学院学报, 2006, 22 (2): 27-31.

[14] Daubechies I. Ten Lectures on Wavelets. Philadephia: SIAM, 1992: 1-351.

[15] Donoho D L, Johnstone I M. Ideal spatial adaptation via wavelet shrinkage. Biometrika, 1994, 81 (12): 425-455.

[16] Donoho D L. De-noising by soft-thresholding. IEEE Transactions on Information Theory, 1995, 41 (3): 617-643.

[17] Chang S G, Yu B, Vetterli M. Spatially adaptive wavelet thresholding with context modeling for image denoising. IEEE Transactions on Image Processing, 2000, 9 (9): 1522-1531.

[18] Chen G Y, Bui T D, Krzyzak A. Image denoising using neighbouring wavelet coefficients. Integrated Computer Aided Engineering, 2005, 12 (1): 99-107.

[19] Fauve S, Heslot F. Stochastic resonance in a bistable system. Physics Letters A, 1983, 97 (1-2): 5-7.

[20] Zhou T, Moss F. Analog simulations of stochastic resonance. Physical Review A, 1990, 41 (8): 4255-4264.

[21] Gammaitoni L, Hänggi P, Jung P, et al. Stochastic resonance. Reviews of Modem Physics, 1998, 70 (1): 223-285.

[22] Collins J J, Chow C C, Imhoff T T. Stochastic resonance without tuning[J]. Nature, 1995, 376 (20): 236-238.

[23] Hu G，Pivka L，Zheleznyak A L. Synchronization of a one-dimensional array of Chua's circuits by feedback control and noise. IEEE Transactions on Circuits and Systems I：Fundamental Theory and Applications，1995，42（10）：736-740.

[24] Ye Q H，Huang H N，Zhang C H. Image enhancement using stochastic resonance. Proceedings of International Conference on Image Processing，2004：263-266.

[25] Marks R J，Thompson B，EI-Sharkawi M A，et al. Stochastic resonance of a threshold detector：Image visualization and explanation. IEEE International Symposium on Circuits and Systems，2002，4：521-523.

[26] 张莹，王太勇，冷永刚，等. 调参双稳系统图像增强应用初探. 振动与冲击，2008，27（s）：325-327.

[27] 金芬. 遗传算法在函数优化中的应用研究. 兰州：兰州大学，2008.

[28] Eberhart R C，Kennedy J. A new optimizer using particle swarm theory. Sixth International Symposium on Micro Machine and Human Science，1995：39-43.

[29] Kennedy J，Eberhart R C. Particle swarm optimization. IEEE International Conference on Neural Networks，1995，4（8）：1942-1948.

[30] Blommel F P，Dennis P N，Bradley D J. Effects of microscan operation on staring infrared sensor imagery.SPIE，1991，1540：653-664.

[31] Awamoto K，Ito Y，Ishizaki H，et al. Resolution improvement for HgCdTe IRCCD. SPIE，1992，1685：213-220.

[32] Fortin J，Chevrette P C，Plante R. Evaluation of the microscanning process. SPIE，1994，2269：271-279.

[33] Fortin J，Chevrette P C. Realization of a fast microscanning device for infrared focal plane arrays. SPIE，1996，2743：185-196.

[34] Kim H S，Kim C W. Compact mid-wavelength infrared zoom camera with 20：1 zoom range and automatic athermalization. Optical Engineering，2002，41（7）：1661-1667.

[35] 首山雄，陈进勇. 微扫描多帧平滑 FPN 提高 CMOS 图像传感器信噪比. 浙江大学学报，2002，36（6）：621-623.

[36] 朱福珍，李金宗，李冬冬. 基于 BP 神经网络的超分辨率图像重建. 系统工程与电子技术，2009，31（7）：1746-1749.